电化学修饰电极的构建及其应用

温广明 著

中国原子能出版社

图书在版编目（CIP）数据

电化学修饰电极的构建及其应用 / 温广明著 . -- 北京 : 中国原子能出版社, 2022.12
 ISBN 978-7-5221-2545-9

Ⅰ. ①电… Ⅱ. ①温… Ⅲ. ①电化学分析 Ⅳ. ① O657.1

中国版本图书馆 CIP 数据核字（2022）第 248800 号

内 容 简 介

本书以生物相容性好的生物活性材料鸡蛋膜、壳聚糖、聚乙烯醇、量子点等新型纳米复合材料作为载体材料，用适当的方法将其固定在电化学电极上，再分别修饰一些识别分子，制备简单、快速且灵敏的几种传感器。通过优化实验条件，分别建立了测定半乳糖、乙醇、甲烷、DNA、蛋白和环境污染物的快速和高灵敏检测的分析方法，并将其应用于实际样品的分析测定。这一分析方法为微型生物传感器在生物医学、环境监控和仪器工业的新应用，创造前所未有的新局面。

电化学修饰电极的构建及其应用

出版发行	中国原子能出版社（北京市海淀区阜成路 43 号 100048）
责任编辑	张 琳
责任校对	冯莲凤
责任印制	赵 明
印　　刷	北京九州迅驰传媒文化有限公司
经　　销	全国新华书店
开　　本	710 mm×1000 mm　1/16
印　　张	12.875
字　　数	204 千字
版　　次	2024 年 5 月第 1 版　2024 年 5 月第 1 次印刷
书　　号	ISBN 978-7-5221-2545-9　　定　价　82.00 元

发行电话：010-68452845　　　　　　版权所有　侵权必究

前　言

　　以生物活性成分(如抗体、核酸、细胞、酶、组织等)作为生物敏感器件,进而实现对被检测目标高灵敏和高选择检测的生物传感器属于一类特殊的化学传感器。其通过换能器,即各种物理型和化学型信号转换器把生物活性表达的信号转换成连续或离散的电信号,从而间接得出待检测物的浓度。与传统的分析方法相比,生物传感器作为一种新的检测手段,具有的优点如下:(1)分析响应速度快;(2)检测成本低;(3)专一性强;(4)可进行连续在线监测。Clark氧传感器具有灵敏度高、线性范围宽、仪器简单、分析速度快等优点,将细菌或酶生物活性单元与Clark氧传感器相结合,在分析化学等领域具有广阔的应用前景。

　　本书以鸡蛋膜、壳聚糖和聚乙烯醇等生物相容性和活性都较好的高分子物质作为载体材料,以半乳糖氧化酶、乙醇氧化酶和甲烷氧化细菌作为分子识别元件,用适当的交联剂将其分别固定在载体基质上,并与Clark氧电极(电化学换能器)相结合,成功制备出既简单、快速又灵敏度高的几种基于耗氧反应的酶或细菌生物传感器。通过对实验条件进行优化,分别建立了测定半乳糖、乙醇和甲烷的分析方法,并将其应用于实际样品中半乳糖和乙醇的分析测定。将量子点与其他活性材料复合后制备出的低毒、高活性和高稳定性的新型纳米复合材料,在提供较大比表面积和丰富活性位点的同时还加速了光生电荷的分离和传输效率;在传感器反应界面通过小带隙和大带隙半导体偶联构建的敏化结构可有效提高光电转换效率,从而进一步提高光电流密度和传感灵敏度。将合成的活性材料与其他生物分子等结合构建的生物传感器,实现了对靶DNA、蛋白和环境污染物的快速和高灵敏检测。目前基于新型纳米复合材料为平台发展的一系列针对生物分子和环境污染物的传感器在光电机理研究、提高光电转换效率和检测灵敏度,以及发展简便光电装置等方面取得了重要的成果。

在本书的撰写过程中,作者不仅参阅、引用了很多国内外相关文献资料,而且得到了同事亲朋的鼎力相助,在此一并表示衷心的感谢。由于作者水平有限,书中疏漏之处在所难免,恳请同行专家以及广大读者批评指正。

作　者
2022 年 12 月

目 录

第1章 绪 论 ·········· 1
    1.1 引 言 ·········· 1
    1.2 生物传感器的基本组成、工作原理、分类及特点 ·········· 3
    1.3 生物传感器中生物组分的固定化方法 ·········· 4
    1.4 生物传感器研究进展 ·········· 6
    1.5 生物传感器的应用 ·········· 13
    1.6 本书的立题背景和主要内容 ·········· 19
    参考文献 ·········· 22

第2章 半乳糖生物传感器的研究及分析应用 ·········· 35
    2.1 引 言 ·········· 35
    2.2 实验部分 ·········· 37
    2.3 结果与讨论 ·········· 38
    2.4 结 论 ·········· 41
    参考文献 ·········· 41

第3章 乙醇生物传感器的研究及分析应用 ·········· 46
    3.1 引 言 ·········· 46
    3.2 实验部分 ·········· 47
    3.3 结果与讨论 ·········· 49
    3.4 结 论 ·········· 56
    参考文献 ·········· 57

第4章 甲烷微生物传感系统的构建及分析应用 ·········· 61
    4.1 引 言 ·········· 61

4.2 实验部分 …… 63
4.3 结果讨论 …… 68
4.4 实验结论 …… 74
参考文献 …… 74

第5章 生物传感器固定化机理探讨 …… 79
5.1 酶的组成和结构特点 …… 79
5.2 酶的失活机理 …… 79
5.3 酶的稳定化 …… 80
5.4 酶固定化类型 …… 82
5.5 酶固定化载体 …… 84
参考文献 …… 89

第6章 新型甲烷吸附材料——穴番A的合成及光谱表征 …… 93
6.1 引言 …… 93
6.2 实验部分 …… 95
6.3 结果与讨论 …… 96
6.4 结论 …… 98
参考文献 …… 99

第7章 一种新型非酶级联扩增,用于超灵敏光电化学DNA传感,基于目标驱动以启动发夹的循环装配 …… 101
7.1 引言 …… 101
7.2 实验部分 …… 103
7.3 结果和讨论 …… 105
7.4 结论 …… 111
参考文献 …… 111

第8章 通过标签诱导的激子捕获进行超灵敏的光电化学免疫分析 …… 114
8.1 引言 …… 114
8.2 实验部分 …… 116
8.3 结果与讨论 …… 119
8.4 小结 …… 125

参考文献 …… 126

第9章 基于CdTe量子点并伴随非酶促级联放大的光电化学DNA传感器 …… 131

9.1 引 言 …… 131
9.2 实验部分 …… 134
9.3 结果与讨论 …… 136
9.4 结 论 …… 142
参考文献 …… 143

第10章 基于激子俘获的光电化学传感器检测 Hg^{2+} …… 148

10.1 引 言 …… 148
10.2 实 验 …… 150
10.3 结果与讨论 …… 151
10.4 结 论 …… 155
参考文献 …… 155

第11章 标记物诱导激子俘获超灵敏光电化学免疫分析 …… 161

11.1 引 言 …… 161
11.2 实 验 …… 163
11.3 结果与讨论 …… 165
11.4 结 论 …… 168
参考文献 …… 168

第12章 基于量子点能量共振转移的新型光电生物传感 …… 170

12.1 引 言 …… 170
12.2 实验部分 …… 171
12.3 结果与讨论 …… 173
12.4 结 论 …… 176
参考文献 …… 177

第13章 高选择实时检测生物蛋白的光电化学邻位分析 …… 182

13.1 引 言 …… 182
13.2 实验部分 …… 184

13.3 结果和讨论 …………………………………………… 187
13.4 结　论 …………………………………………………… 193
参考文献 ………………………………………………………… 193

第1章 绪 论

1.1 引 言

以生物活性成分（如抗体、核酸、细胞、酶、组织等）作为生物敏感器件，实现对被检测目标高灵敏和高选择地检测的生物传感器是一类特殊的化学传感器。其通过各种物理型和化学型信号转换器来识别目标物与敏感元件之间的关系，然后将反应物的强度用连续或离散的电信号表达出来，从而间接获得待检测物的浓度。20世纪60年代初，生物传感器被看作化学传感器的一个分支，经过60多年的飞速发展，生物传感器已基本上形成一个独立的门类，甚至有的研究者把生物传感器和化学传感器及物理传感器并列起来，看作传感器的三个类型。

最先问世的生物传感器是酶电极。1962年，Clark和Lyons在纽约自然科学学会的章集中首次提出了"在化学电极的敏感膜中加入酶以实现对目标物进行选择性分析"的构想。他们把酶溶液固定在两层透析膜之间形成一层薄的液层，再把液体膜紧紧贴在氧电极、pH电极或电导电极上，用以检测溶液中的反应。1967年，Updike和Hicks根据Clark和Lyons的构想，把葡萄糖氧化酶（GOD）生物膜固定在Clark氧电极上，构建了第一种生物传感器。由于酶电极的使用寿命一般都比较短，酶的提纯价格也比较昂贵，而各种酶多数来自动植物组织和微生物，因此学者们开始研究酶电极的衍生物：细胞器传感器、动植物组织传感器、免疫传感器和微生物传感器等新型生物传感器，使微生物传感器的种类不断增多,经过60多年的持续发展,生物传感器的大致经历了以下几个发展阶段。

从1963年到20世纪70年代末,该阶段的生物传感器的研究开发主要集中在电化学式生物传感器方面,如酶电极、组织电极、气敏电极、微生物电极、酶热敏电阻等电极式和电阻式生物传感器。其中,作为生物传感器的先驱,酶传感器在20世纪70年代后期已达到实用阶段并揭开了无试剂分析的序幕。

20世纪80年代初,在电化学式生物传感器继续发展的基础上,光学、半导体、声学、热学等生物传感器等相继出现并得到了迅猛发展,从事生物传感器研制的国家和科研人员较第一阶段在数量和学术水平上有了很大提高。新兴起的一种表面等离子体共振(surface plasmon resonce,SPR)技术将生物传感器的发展推向一个新的阶段。我国的生物传感器研究就是从这一阶段开始的。

20世纪90年代初期开始,随着光纤技术的突破,其作为传感介质的优异性逐渐被人们所认识和接受,光纤生物传感器的应用也越来越广泛。随着聚合酶链式反应(polyerase chain reaction,PCR)技术的发展,应用PCR的DNA光纤生物传感器也越来越多。而且,随着分子生物学的发展和人类基因组计划的实施,光纤生物传感器和生物芯片(DNA芯片、蛋白质芯片)的研制开发逐渐成为生物传感器研究的热点。

生物传感器是一个非常活跃的研究和工程技术领域,与生物信息学、生物芯片、生物控制论、仿生学、生物计算机等学科一起,处在生命科学和信息科学的交叉区域。生物传感器也是生物、化学、物理、医学和电子技术等多种学科互相渗透、综合交叉的一门技术,具有选择性好、灵敏度高、分析速度快、操作简易和仪器价格低廉、能在复杂体系中进行在线连续检测等特点,甚至可以进行活体分析,并趋向微型化、集成化和智能化,从而为生物医学、环境监测、食品医药工业、发酵工业及军事医学领域直接带来新技术革命,有着重要的应用价值,已引起世界各国的极大关注。

1.2 生物传感器的基本组成、工作原理、分类及特点

生物传感器一般有两个主要组成部分：一是生物分子识别元件（感受器），是具有分子识别能力的生物活性物质（如组织切片、细胞、细胞器、细胞膜、酶、抗体、核酸、有机物分子等）；二是信号转换器（换能器），主要有电化学电极（如电位、电流的测量）、光学检测元件、热敏电阻、场效应晶体管、压电石英晶体及表面等离子共振器件等。当待测物与分子识别元件特异性结合后，所产生的复合物（或光、热等）通过信号转换器变为可以输出的电信号、光信号等，从而达到分析检测的目的。

生物传感器一般可从以下三个角度来进行分类：根据传感器输出信号的产生方式，可分为生物亲和型、代谢型和催化型生物传感器；根据生物传感器的信号转化器可分为电化学型、半导体型、测热型、测光型和测声型生物传感器等；根据生物传感器中生物分子识别元件上的敏感物质可分为酶传感器、微生物传感器、免疫传感器、组织传感器、基因传感器、细胞及细胞器传感器。

与传统的分析方法相比，生物传感器这种新的检测手段具有如下优点。

（1）生物传感器是由高度选择性的分子识别材料与灵敏度极高的能量转换器结合而成的，因而它具有很好的选择性和极高的灵敏度。

（2）在测试时，一般不需对样品进行处理，样品中的被测组分的分离和检测同时完成，且测定时一般不需加入其他试剂。

（3）体积小，可实现连续在线、在位、在体检测。

（4）响应快，样品用量少，可以反复多次使用。

（5）传感器连同测定仪的成本远低于大型的分析仪器，便于推广普及。

1.3 生物传感器中生物组分的固定化方法

生物传感器的基本要素是生物活性单元与换能器的结合。因此,构建生物传感器时要求把生物组分固定在换能器表面。在某种程度上,生物组分的固定化对生物传感器的灵敏度、操作稳定性和使用寿命起至关重要的作用,因此在生物传感器的研究中固定化技术的选择是非常重要的。生物组分可以通过化学或物理的方法固定在换能器或固体基制质表面,这样生物组分可以重复使用,节约成本和简化操作程序。

1.3.1 化学方法

生物组分的化学固定法包括共价键合和交联法。

1.3.1.1 共价键固定法

由生物组分固有的一些功能化基团如氨基、羟基、羟基基、巯基与换能器表面的氨基、羟基、羧基、环氧基和甲苯磺酰基之间形成稳定的共价键。包括单层膜共价键固定法和聚合物膜共价键固定法。

(1)单层膜共价键固定法。包括直接化学固定法、双功能团试剂偶联法和自组装膜法。直接化学固定法是将机体表面先经过化学处理或修饰,然后将生物功能物质以共价、离子或配位等方式结合固定于电极表面。双功能团试剂偶联法是在金属或氧化物基体表面的活化采用化学试剂如硅烷或氰尿酰氯来完成。然后用多功能试剂与蛋白质分子相互结合,使生物组分固定于传感器表面。自组装膜法是通过化学键相互作用能自发吸附在固/液或气/固界面,形成热力学稳定和能量最低的有序膜。

（2）聚合物膜共价键固定法。可提供较多的活性修饰基团,具有稳定性好、简单易行、适用面广。活化载体的方法有戊二醛偶联法、重氮法、叠氮法、卤化氰法、缩合法、烷基化法。通过特殊键的形成而将生物分子固化于固体表面,因而不易发生分子的泄漏,并且改善了分子在表面的定向、均匀分布状况。但生物分子易失活、操作复杂、耗时、成本高。

1.3.1.2 交联法

交联法借助于交联剂(具有两个或两个以上功能团的试剂)的作用,使生物分子间发生共价结合,形成不溶性网状结构的固相组分。常用的载体是胶原蛋白膜、肠衣膜、尼龙布、透析膜。

1.3.2 物理法

吸附和包埋是两种最常用的固定生物组分的方法,由于这些方法在固定生物组分时没有共价键的形成,操作条件温和,对生物组分没有化学损伤,故能保持较高的生物活性。不足之处是生物分子与固体表面结合力弱。由于转换器表面取向的不规则分布,因此使制得生物传感器易发生分子的泄漏或解脱,灵敏度低,重现性差。

1.3.2.1 吸附法

吸附法包括物理吸附法和离子交换吸附法。物理吸附是通过极性键、氢键、疏水力或电子的相互作用将生物组分吸附在不溶性的惰性载体上。离子交换吸附是选用具有离子交换性质的载体,在适宜pH下,使生物分子与离子交换剂通过离子键结合起来,形成固化层。

1.3.2.2 包埋法

（1）聚合物膜包埋法。包括凝胶包埋法和胶囊包埋法。凝胶包埋法将酶分子包埋在凝胶的细微格子里制成固定化酶。胶囊包埋法将酶分子包埋在由半透膜构成的微型胶囊（或夹层中），酶分子限制在膜内，小分子的底物和产物能自由透过薄膜。

（2）电聚合物包埋法。将聚合物单体和生物功能物质同时混合于电解液内，通过使单体在电极表面阳极氧化而聚合成聚合物膜，与此同时可以将酶包埋在聚合物内。

（3）溶胶-凝胶膜包埋法（sol-gel）。它是指有机或无机化合物经过溶液、溶胶、凝胶而固化，再经过热处理而制得氧化物或其他化合物固体的方法。它可适用于任何种类的生物组分。光学透过性强是它的显著特点。

1.4 生物传感器研究进展

1.4.1 酶传感器

酶传感器是最先被发明出来的，其应用也很广泛。应用酶传感器可以省去提纯酶的繁杂步骤。检测葡萄糖的酶传感器是最早问世的一种（1967年由Updike等研制），目前已发展到第3代、第4代的葡萄糖传感器，广泛用于生物、医药、化工等领域。酶传感器达到实用水平已有200种以上。酶传感器的发展和介体（Mediator）的发明和使用有很大的关系。因酶一般都是生物大分子，其氧化还原活性中心被包埋在酶蛋白质分子里面，它与电极表面间的直接电子传递难以进行，即使能够进行，传递速率也很低，这是因为其氧化还原活性中心与电极表面间的电子传递速率随两者间距离的增加呈指数衰减。电子传递介体（M）的引入克服了这一缺陷，它的作用就是把葡萄糖氧化酶氧化，使之再生后循环使用，而电子传递介体本身被还原，又在电极上被氧化。

介体的引入最早出现在1976年，六氰合铁酸盐被加入敏感膜中充当酶与电极之间的介体作为电子传递剂，它有效地提高了传感器的性能。北京工商大学成功研制无污染低费用酚酶生物传感器及监测体系统，该项成果开发的电极以抗生素为激活剂，将醌直接在电极上还原的酪氨酸酶电极,在浸有酶传感器的溶液中加入底物溶液时,底物向酶膜内扩散并在膜内发生反应。结果,基础电极对电极活性的消耗物或产物的浓度变化产生响应,可测得和待测的底物浓度相应的电流变化,从这些变化值就可以对底物定量检测。目前,促进电子传递的介体物质已被广泛应用于各种酶电。Hale 等人采用二茂铁修饰硅氧烷聚合物,再用此聚合物与葡萄糖氧化酶混合,制成性能稳定、电子传递速率较高的电极。用循环伏安法和稳态电势法测得:由上述方法制得的葡萄糖生物传感器对小于 0.01 mmol/L 的低浓度葡萄糖溶液也可快速响应(响应时间小于 1 min)。Cooper 等人通过碳化二亚胺(HNCNH)缩合,把细胞色素 C(Cytochrome C)共价键合到 N 乙酰半胱胺酸修饰金电极上,使细胞色素 C 与修饰电极间的直接电子传递得以发生,由此做成的生物传感器对超氧化合物有很好的响应。近年来,主要用以下材料实现酶在电极上的固定化,以实现电极上的直接电子传递:有机导电聚合物膜、有机导电复合材料膜、纳米颗粒和天然的有机材料。

1.4.1.1 有机导电聚合物膜

有机导电聚合物膜是近年来发展起来的一类新功能材料,其典型代表有聚吡咯(PPy)、聚苯胺(PAn)和聚噻吩(PTh)等。通常采用电化学聚合法或包埋法用有机导电聚合物固定化酶。

(1)电化学聚合法固定化酶

有机导电聚合物一般具有电化学活性,在氧化还原过程中,阴离子能掺杂和去掺杂,为酶在电极上的固定化提供一种途径。通过聚吡咯及其衍生物、聚苯胺等的电化学聚合逐步实现酶的固定。Foulds 在 0.2 mol/L 吡咯水溶液中,通氮气除氧,加入 0.13 mol/L 葡萄糖氧化酶(GOD),用三电极体系制得以镀铂陶瓷为基底的酶电极。该电极的稳定电流的响应时间为 20 ~ 40 s。Aizawa 在 pH=7.0 的磷酸盐缓冲液中制成聚苯胺氧化酶微铂电极(直径为 50 im),用电流法测试葡萄糖的含量,测试范围为 10^{-4} ~ 5×10^{-3} mol/L。穆绍林等人将制得的聚苯胺膜在硼酸钠—硼酸缓冲溶液(pH=3.5)中还原,以除去掺杂的阴离子。而后,在含尿酸酶的缓冲液(pH=6.5)中氧化。当聚苯胺氧化时,带负离子的酶进入到聚苯胺膜内而被固定。

（2）包埋法形成聚合物

Aizawa 首次报道了将 GOD 固定包埋在聚吡咯膜内，可使酶保持生物活性，并进行可逆的电子交换。此后，许多研究工作陆续开展起来，目的在于提高聚合物酶电极的灵敏度、选择性、抗干扰能力和寿命。

1992 年，Koopal 等人将聚吡咯微管用于固定化 GOD。其方法是通过模板合成法，将吡咯聚合在金属电极刻蚀膜上，接着让 GOD 牢固地吸附在聚吡咯微管内构成 GOD/PPy 传感器。所用的径迹刻蚀膜通常由聚酯和聚碳酸酯构成，GOD 在微管内保持生物活性。由于聚吡咯、聚噻吩等共轭的聚合导电物质能在径迹刻蚀膜孔中形成微管，有人认为这种结构能把酶氧化还原活性中心与电极连接起来，由此制成的生物传感器具有选择性好、灵敏度高的特点。Koopal 等人对这一方法进行了改进，他们用均匀的乳胶微粒作为聚吡咯和酶固定时所依附的多孔基体材料，此制成的葡萄糖生物传感器对葡萄糖测定的线性响应范围为 1～60 mmol/L。

1.4.1.2 有机导电复合材料膜

导电复合材料具有良好的导电性和机械加工性，且具有工艺简单、成本低廉、粒子间的距离可人为控制等特点。张国林等人首次报道用乙基纤维素和乙炔黑导电复合材料固定化葡萄糖酶电极的制备方法。他们将一定比例的乙基纤维素和乙炔黑与葡萄糖氧化酶、固体石蜡用卤代烃调成糊状物，取一定量均匀地涂在 3 mm × 3 mm 的铂电极上，在室温下自行干燥 24 h 以上。待电极干燥后，用环己烷洗去电极中的石蜡，以形成酶催化反应的通道。实验结果表明：用环己烷洗去石蜡的导电复合材料葡萄糖氧化酶生物传感器具有粒状结构，有利于酶催化反应。

1.4.1.3 纳米颗粒

纳米粒子的特殊结构使它具有许多特殊性质，研究人员展开了用纳米颗粒固定化酶以开辟制备直接电子传递第三代生物传感器的新途径。唐芳琼等人用亲水金、憎水二氧化硅纳米颗粒固定葡萄糖氧化酶，采用聚乙烯醇缩丁醛（PVB）为辅助固定酶膜基质，制备了葡萄糖生物传感器。实验表明:纳米二氧化硅主要起固定酶载体的作用,金颗粒在酶与电极间传递电子,缩短 GOD 的氧化还原中心与基体表面的电子隧道距离,从而加快电子传递交换速度。随后,他们又通过实验证明:二氧化硅和金或铂组成的复合纳米颗粒可以大幅度地提高葡萄糖生物传感器的电流响应,其效果明显优于这 3 种纳米颗粒单独使用时对葡萄糖生物传感器的增强作用。因为复合纳米粒子比单独一种纳米粒子更易形成连续势场,降低电子在电极和固定化酶间的迁移阻力,提高电子迁移率,有效地加速了酶的再生过程。江丽萍等人用亲水金纳米颗粒和明胶一起固定葡萄糖氧化酶(GOD),制得了具有纳米增强效应的葡萄糖传感器。实验表明:纳米颗粒能够大幅度地提高固定酶的催化活性、响应灵敏度和响应速度(一般在 5 s 之内就能测得稳定的电流响应值)。

1.4.1.4 天然有机材料

天然的有机膜材料具生相容性好、无毒等优点,是固定化酶的优良载体。如邓健等以牛血清蛋白-戊二醛为交联剂,将乳酸氧化固定于鸡蛋膜上制成乳酸氧化酶传感器,用于测定血浆或其他体液中乳酸的含量。吴治平等将葡萄糖氧化酶固定于再生丝素蛋白上制成了葡萄糖氧化酶传感器,用于葡萄酒中葡萄糖含量的测定。

1.4.2 微生物传感器

进入 20 世纪 70 年代,随着细胞固定化技术的发展,出现了微生物传感器。微生物细胞内含有能使从外部摄入的物质进行代谢的酶体系,因将微生物(常用的主要是细菌和酵母菌)作为敏感材料固定在电极表面构成的电化学生物传感器称为微生物电极传感器。提出这类传感器的基本思路在于:(1)微生物传感器较酶传感器更经济、性能更稳定,对于应用于复杂的反应过程的生物传感器来说,使用微物传感器能方便一些;(2)在合适的培养基中微生物能再生,以补充失活的微生物。微生物是在活的状态下作为敏感材料的。因此,固定方法较温和,一般有吸附、包埋等物理方法,交联、共价等方法。现已广泛应用于发酵工业和环境检测。构造微生物传感器必须注意:(1)以氧电极为基底的传感器的情况下,固定微生物的膜必须保持透气性;(2)传感器的敏感物质是基于活细胞,必须选择温和的固定化方法,使所固定的生物体不失活,保持生物识别元件的活性和稳定性是非常关键的步骤。

1975 年,Divis 等研制出用于测定乙醇的第一支微生物传感器。1976 年,VemiMen 等首先提出了用氧电极接种活性污泥测定 BOD 的方法。1977 年,Karube 等首次报道了 BOD 微生物传感器,该传感器可在 15 min 内测出污水的 BOD 值,连续使用寿命达 17 d。1979 年,H5ku 阳等改用多孔醋酸纤维素膜固定酵母菌制成的 BOD 传感器,使用寿命延长至 17 d,后来 Skand 等研制出用活性污泥富集菌 BOD 传感器,用于城市污水测定,成功工作了 20 多天;SuzuU 和 KaNbe 在 1982 年申请了一种以铂和铅在氢氧化钾溶液中构成的用于 BOD 测定的原电池式生物传感器的专利。

1982 年,Okada 和 SUZUki 利用甲基甲胞鞭毛虫用琼脂固定在乙酸纤维素膜上制备出固定化微生物反应器来测定大气中甲烷含量。1997 年,Damgaard 和 Revsbech 用固定化甲烷氧化细菌研制出微型甲烷微型传感器来测定污水和稻田中的甲烷。最近,也有一种用细菌细胞作为生物组成部分的新型微生物传感器,测定地表水中壬基(nonyl-phenol etoxylate,NP-80E)的含量。用一个电流型氧电极作传感器,微生物细胞固定在氧电极上的透析膜上,其测量原理是测量毛孢子菌属(tri-chosporum grablata)细胞的呼吸活性。该生物传感器反应时间为 15 ~ 20 min,寿命为 7 ~ 10 d(用于连续测定时)。在浓度范围 0.5 ~ 6.0 mg/L 内,电信号与 NP280E 浓度呈线性关系,很适合于污染的地表水中分子表面活性剂检测。

2004 年,Dewettinck 基于细菌对葡萄糖的新陈代谢作用,发展了一种新型的 pH 生物传感器,可在 37℃的工作温度下,利用肠细菌的生长状况来监测 pH 值。该传感器适用于在线监测,可以作为水处理装置的终端,其绝对监测极限为 10CFU(菌落形成单位)/mL·h。Leth 等以固定化微生物和生物发光体测量技术为基础,将弧菌属细菌体内的一个操纵子在一个铜诱导启动子的控制下导入产碱杆菌属细菌中,可使细菌在铜离子的诱导下发光,发光程度与离子浓度成比例。将微生物和光纤一起包埋聚合物基质中,可以获得灵敏度高、选择性好、测量范围宽、储藏稳定性强的生物传感器。这种生物传感器可用于测定污水中的重离子,最低检测浓度为 1 nmol/L。李贵荣等以白地霉菌为甘油三酯水解反应的酶原,采用 pH 玻璃电极为基础电极研制成甘油三酯微生物传感器,用于血清中甘油三酯(TG)含量的测定。该传感器对甘油三酯的响应线性范围为 $3.94 \times 10^{-6} \sim 1.91 \times 10^{-7}$ mol/L,响应时间为 5~15 min,使用寿命达 28 d。李新等将一株以甲醇为唯一碳源和能源的专性好氧甲醇细菌与极谱型溶解氧电极结合制成不受乙醇干扰的甲醇细菌电极,用于测定白酒和工业废水中的甲醇含量。该电极的线性响应范围为 0.2~9.3 mg/L。慈云祥等将能够大量生成葡萄糖氧化酶的地衣芽孢杆菌固定于交联葡聚糖 Sephadex 100 或海藻酸钠—氯化钙载体上,首次研制成用于检测体液中葡萄糖含量的微生物传感器。王晓辉等将一株专性、自养、好氧的氧化硫硫杆菌夹于两片纤维素膜之间,制成硫化物微生物传感器,该传感器对 S^{2-} 的测定线性范围为 0.03~3.00 mg/L,测定一个样品仅需 2~3 min。和酶传感器相比,微生物传感器的稳定性较好,使用寿命较长,灵敏度与前者相当,但是响应速率较慢。因此,对于测定呼吸活性的微生物传感器而言,待测物需被细菌摄入然后才由体内的酶体系进行代谢,所花时间较长。此外,由于微生物参与的过程较复杂,当对选择性有较高要求时,必须挑选具有专一性的菌株作为分子识别元件。

1.4.3 免疫传感器

免疫传感器是由特异抗体与载体结合而成,其对特定的抗原分子具有选择性的识别能力。将抗克伦特罗的单克隆抗体微型化膜(感受器,或分子识别物)固定于换能器(如氧电极等元件)表面,测定时在待测的克伦特罗溶液中加入已知浓度且经酶标记的克伦特罗,待测抗原与标记抗原竞争性地结合电极上的抗体,使经洗涤后的氧电极与过氧化氢溶液接触,标记酶催化过氧化氢产生氧气,而产生的氧气量或消耗的过氧化氢量与样品中待测物的浓度成比例,反应过程中的电流变化可由氧电极转化为电信号,再经微处理器进行数据处理,即可在显示屏上直接显示测得残留物的含量或浓度值。1975 年,Janata 首次报道了一种免疫传感器。他把刀豆球蛋白(ConA)共价结合在涂敷在白金丝上的 5 μm 厚的 PVC 膜表面上,构成 ConA 免疫电极。该电极的电位甘露聚糖醇母的浓度有关，据此可测定甘露聚糖酵母。免疫传感器的种类很多，根据标记与否可分为直接免疫传感器和间接免疫传感器；根据换能器种类的不同，又可分为电化学免疫传感器、质量测量式免疫传感器、热量测量式免疫传感器和光学免疫传感器等。NICULESCUM 等发展了一种快速灵敏的用于测定牛奶中双氢除菌素残余物含量的免疫生物传感器。它是基于细胞质基因组的反应，通过光学系统传输信号。已达到的检测极限为 16.2 ng/mL，一天可检测 20 个牛奶样品。赵晓君等研制出了表面等离子体共振（SPR）白蛋白免疫传感器。该传感器以 A 蛋白吸附于传感器的金属表面作为基底，测定了白蛋白抗体在 A 蛋白表面的分子自组装程序和速率，并通过检测共振波长来检测白蛋白的浓度，检测下限为 0.2 mg/mL。

免疫传感器是活性单元（抗原或抗体）与电子信号转换元件的结合。免疫传感器在进行测定时要以抗体－抗原亲和反应为识别基础，具有很高的选择性；而与此同时，免疫活性单元是用一定的基体固定在检测器上的，基体和附着在基体上的共存物引入的非专一性反应就可能影响免疫反应的专一性。这种来自于基体和共存物的干扰就成为免疫传感器研究中一个期待亟待解决的问题。

1.4.4 电化学 DNA 传感器

电化学 DNA 传感器是由一个支持 DNA 片段（探针）的电极和检测电化学活性识别元素（electroc chemical recogniton element）构成。DNA 探针是单链 DNA（ss-DNA）片段（或者一整条链），长度从十几个到上千个核苷酸不等，它与靶序列（target s quince）是互补的，一般采用人工合成的短的寡聚脱氧核苷酸作为 DNA 探针，通常是 ss-DNA（探针分子）修饰到电极表面构成 DNA 修饰电极。由于 ss-DNA 与其互补靶系列杂交具有高度序列选择性，使得这种 ss-DNA 修饰电极呈现极强的分子识别功能。在适当温度、pH、离子强度下，电极表面的 DNA 探针分子能与靶序列选择性地杂交，形成双链 DNA（ds-DNA），从而导致电极表面结构的改变。这种杂交前后的结构差异，可以通过具有电活性的杂交指示剂识别，从而达到了检测靶序列（或特定基因）目的。

目前电化学 DNA 传感器主要分为 3 类：(1)在寡聚核苷酸上标记电化学活性的官能团作为识别元素。合成带有电化学活性基团的寡聚核苷酸与电极表面的靶基因选择性地进行杂交反应，在电极表面形成带有电活性官能团的杂交分子，通过测定其电信号便可以识别和测定 DNA 分子；(2)利用酶的化学放大功能，在 DNA 分子上标记酶作为识别元素。当标记酶的 ss-DNA 与电极表面的互补 ss-DNA 发生杂交反应后，相当于在电极表面修饰了一层酶，酶具有很强的催化功能，通过测定反应生成物的变化量可以间接测定 DNA；(3)具有电化学活性的杂交指示剂(hybridization indicator)作为识别元素。具有电化学活性的小分子物质，能与 DNA 分子发生可逆相互作用，其中一些能专一性地嵌入 ds-DNA 分子双螺旋结构的碱基对之间，这类物质称为杂交指示剂，此类电化学 DNA 传感器的关键是，选择能够识 ss-DNA 和 ds-DNA 而又不与 DNA 链发生不可逆的共价结合，同时又能给出电流或电位识别信号的杂交指示剂作为电极表面 DNA 分子杂交与否的识别元素。用电化学方法测定其氧化-还原的峰电流和峰电位，便可识别和测定 DNA 分子。

1.5 生物传感器的应用

Javis 在 1987 年出版了一本题为 "Biosensors: Today's Technology, Tomorrow's Products" 的著作，该书指出了生物传感器将在各个领域。如医学、临床、生物、化学、环境、农业、工业甚至机器人制造等方面得到广泛的应用，事实证明他的预见是正确的。随着现代电子和生物技术的快速发展，生物传感器技术已发展成一门独立的新型的高科技领域。由于它能提供一个有效而快速的分析手段代替传统的分析技术，从而为医学、发酵、食品分析与环境检测带来新的技术与革命，在这些领域可得到广泛的应用。

1.5.1 在医学领域的应用

1.5.1.1 基础研究

生物传感器可实时监测生物大分子之间的相互作用。借助于这一技术动态观察抗原、抗体之间结合与解离的平衡关系,可较为准确地测定抗体的亲和力及识别抗原表位,帮助人们了解单克隆抗体特性,有目的地筛选各种具有最佳应用潜力的单克隆抗体,而且较常规方法省时、省力,结果也更为客观可信,在生物医学研究方面已有较广泛的应用。如刘雪松等用生物传感器测定重组人肿瘤坏死因子-a(TNF-a)单克隆抗体的抗原识别表位及其亲和常数。随着 DNA 电化学研究的深入,以及电子技术的迅速发展,结合了生物杂交特异性和电化学技术灵敏、简单特点的电化学 DNA 生物传感器已用于快速检测 DNA 序列和含量的研究中。如彭图治等用 TPD 修饰电化学生物传感器测定了艾滋病和乙肝病毒的 DNA 片段序列。

1.5.1.2 临床应用

用酶、免疫、基因传感器等生物传感器来检测体液中的各种化学成分,为医生的诊断提供依据。如刘芳等在石英晶体金表面固定单链 DNA,构成压电晶体 HBV DNA 生物传感器,与待测样品进行杂交反应,能准确诊断血清中的 HBV 病毒基因。Knight 等[1]研制出根据酵母菌所发出的根据绿色荧光进行检测的生物传感器,可定量检测具有破坏 DNA 作用的荧光物质。王卓等将苯丙氨酸解氨酶固定化到氨气敏电极上,研制成一种新型酶生物传感器用作临床苯丙酮尿症检验。Antje 等发展了一种快速测定登革热(一种热带传染病,骨关节及肌肉奇痛)病毒的血清型 RNA 生物传感器,仅需 15 min 就可测定出血样中的病毒 RNA。Kaptein 等研制的检测急性心肌损伤的流失置换型免疫传感器已成功地试用于临床,可以检测生理浓度(2~12 pg/L)和病理浓度(12~2 000 pg/L)的急性心肌损伤的血浆标志物。Charpentier 报道一种可更新的过氧化物酶电极用于检测血清中胆固醇含量。血糖传感器和尿酸传感器可使糖尿病和痛风患者能在家中对病情进行自我监测。生物传感器还可预知疾病发作,如美国田纳西大学研制出用一种荧光蛋白质细胞制作的生物指示器可以植入人体内。当人体内的某种化学物质触发这种荧光蛋白质时可发绿光。它由光传感器与微型无线电信号发送器相连,电信号可触发体外的报警器。可用它检测与血凝块有关的酶的含量,预告是否有心脏病发作的危险。

1.5.1.3 军事医学

在军事医学中,对生物毒素的及时快速检测是防御生物武器的有效措施。生物传感器已应用于监测多种细菌、病毒及其毒素,如炭疽芽孢杆菌、鼠疫耶尔森菌、埃博拉出血热病毒、肉毒杆菌类毒素等。

1981 年,Taylor 等成功地发展了两种受体生物传感器:烟碱乙酰胆碱受体生物传感器和某种麻醉剂受体生物传感器,它们能在 10 s 内侦检出 10^{-9}(十亿分之一)浓度级的生化战剂,包括委内瑞拉马脑炎病毒、黄热病毒、炭疽杆菌、流感病毒等。2000 年,美军报道已研制出可检测葡萄球菌肠毒素 B、蓖麻素、土拉弗氏菌和肉毒杆菌等 4 种生物战剂的免疫传感器。检测时间为 3 ~ 10 min,灵敏度分别为 10 mg/L、50 mg/L、5×10^5 cfu/mL 和 5×10^4 cfu/mL。Song 等人制成了检测霍乱病毒的生物传感器。该生物传感器能在 30 min 内检测出低于 1×10^{-5} mol/L 的霍乱毒素,而且有较高的敏感性和选择性,操作简单。该方法能够用于具有多个信号识别位点的蛋白质毒素和病原体的检测。

此外,在法医学中,生物传感器可用作 DNA 鉴定和亲子认证等。

1.5.2 在发酵生产中的应用

在微生物发酵过程中,检测多种有关的生化参数(生物量/细胞活性、底物/营养、产物/代谢物),是生物技术领域研究者和工程师们有效地对过程进行控制的必要前提。人们发现在阳极表面,细菌可以直接被氧化并产生电流。这种电化学系统已应用于细胞数目的测定,其结果与传统的菌斑计数法测细胞数是相同的。发酵工业各种生物传感器中,微生物传感器最适合发酵工业的测定。因为发酵过程中常存在对酶的干扰物质,并且发酵液往往不是清澈透明的,不适用于光谱等方法测定。而应用微生物传感器则极有可能消除干扰,并且不受发酵液混浊程度的限制。同时,由于发酵工业是大规模的生产,微生物传感器其成本低,设备简单的特点使其具有极大的优势。

1.5.3 在食品分析中的应用

生物传感器在食品检验中的应用相当广泛,几乎渗透到了各个方面,其包括食品工业生产在线监测、食品中成分分析、食品添加剂分析、有毒有害成分的分析、感官指标及一些特殊指标(如食品保质期)的分析。

1.5.3.1 食品工业生产的在线监测

金利通等人研制仿生传感器——味觉电化学传感器,并利用它测定多种食用白醋的醋酸含量。Huang 等人用猪肾组织中的烃酸氧化酶氧化乳酸氧化生成过氧化氢,结合流动注射化学发光分析,测定了牛奶中的乳酸,该组织生物传感器具有快速、灵敏、制作简单等特点,检测限为 0.2 μmol/L。TAKA J 等将一种以铁氰化物为媒介的葡萄糖氧化酶细胞生物传感器用于测量发酵工业中的乙醇含量。该生物传感器的检测极限为 0.85 nmol/L,测量范围为 2～270 nmol/L,稳定性能很好。在连续 8.5 h 的监测中,灵敏度没有任何降低。另外,Niculescu 等将一种醌蛋白醇脱氢酶埋在聚乙烯中研制成一种用于检测饮料中乙醇的生物传感器,对乙醇的测量极限为 1 nmol/L,也可用作酒发酵工业中乙醇的连续自动在线监测。

1.5.3.2 食品成分分析

在食品工业中,葡萄糖的含量是衡量水果成熟度和贮藏寿命的一个重要指标。已开发的酶电极型生物传感器可用来分析白酒、苹果汁、果酱和蜂蜜中葡萄糖的含量。此外还包括的检测,如蔗糖、乳糖和果糖的快速检测；各种氨基酸和蛋白质的测定，如 L-谷氨酸、L-赖氨酸、天冬氨酸、精氨酸、苯丙氨酸等十几种氨基酸；脂类的测定，如食品中卵磷脂的测定；维生素的测定，如抗坏血酸维生素 B_{12} 的测定；有机酸的测定，如乳酸、醋酸、柠檬酸、草酸、苹果酸；生物小分子的测定，如生物素的测定等。

1.5.3.3 食品添加剂分析

生物传感器用于食品添加剂检测的报告已有许多，如甜味剂（甜味素、天门冬酰苯丙氨酸甲酯等）；漂白剂（亚硫酸盐）；防腐剂（苯甲酸盐、羟基苯甲酸酯等）；发色剂（肉类食品中的亚硝酸盐、烟酸、过氧化氢）；抗氧化剂（如绿茶中的儿茶酚和抗坏血酸）；酸味剂（如磷酸、乙酸和乳酸）、鲜味剂（如谷氨酸、肌苷酸）、色素、乳化剂等的检测。

1.5.3.4 食品鲜度的检验

鲜度是评价食品品质的重要指标之一，通常用人的感官检验，但感官检验主观性强，个体差异大，故人们一直在寻找客观的理化指标来代替。Volpe 等曾以黄嘌呤氧化酶为生物敏感材料，结合过氧化氢电极，通过测定鱼降解过程中产生的一磷酸肌苷（IMP）、肌苷（HXP）和次黄嘌呤（HX）的浓度，从而评价鱼的鲜度。另外测定鸟氨酸可评价海产品新鲜度；测定肉中的胺可判断肉的鲜度；测定乳酸的含量可判断牛乳的鲜度。Satoh 和 Karube 等人用单胺氧化酶能催化各种单胺化合物氧化脱氨原理肉的新鲜度。响应时间为 4 min，单胺测定线性范围为 $20 \sim 50 \times 10^{-6}$ mol/L。Yano 用酪胺传感器，结合流动注射分析，测定了肉、乳品及肉制品中酪胺的含量，线性范围为 $0 \sim 1 \times 10^{-4}$ mol/L。

1.5.4 在环境监测中的应用

环境监测对于环境保护非常重要。传统的监测方法有很多缺点：分析速度慢、操作复杂且需要昂贵仪器，无法进行现场快速监测和连续在线分析。生物传感器的发展和应用为其提供了新的手段。利用环境中的微生物细胞如细菌、酵母、真菌作识别元件,这些微生物通常可从活性泥状沉积物、河水、瓦砾和土壤中分离出来。生物传感器在环境监测中应用最多的是水质分析。例如,在河中放入特制的传感器及其附件可进行现场监测。一个典型应用是测定生化需氧量(BOD),传统方法测 BOD 需 5 d,且操作复杂。李花子等以一株耐高渗透压的酵母菌种作为敏感材料,研制的生物传感器可采用稳态呼吸速率法进行 BOD 快速测定。该方法与广为采用的五天生化需氧量标准稀释测定法有良好的相关性,线性范围为 0~200 mg/L,可在 15 min 内完成一个样品 BOD 的测定。测定结果具有良好的重现性和准确度。目前,国内外已研制出许多不同的微生物 BOD 传感器以及其他用于水污染监测的微生物传感器。如 DEWETTINCK T 等基于细菌对葡萄糖的新陈代谢作用,发展了一种新型的 pH 生物传感器,可在 37 ℃的工作温度下,利用肠细菌的生长状况来监测 pH 值。该传感器适用于在线监测,可以作为水处理装置的终端,其绝对监测极限为 10^5 cfu(菌落形成单位)/mL·h。LETH S 等以固定化微生物和生物发光体测量技术为基础,将弧菌属细菌体内的一个操纵子在一个铜诱导启动子的控制下导入产碱杆菌属细菌中,可使细菌在铜离子的诱导下发光,发光程度与离子浓度成比例。将微生物和光纤一起包埋聚合物基质中,可以获得灵敏度高、选择性好、测量范围宽、储藏稳定性强的生物传感器。这种生物传感器可用于测定污水中的重离子,最低检测浓度为 1 nmol/L。

大气污染是一个全球性的严重问题。微生物传感器也可应用于废气或环境大气的监测,如 CO_2、NH_3、CH_4、SO_2、NO_x 等。SO_2 和 NO_x 是酸雨和光化学烟雾形成的主要原因,用常规方法检测这些化合物的浓度很复杂,因此简单适用的生物传感器便应运而生。Marty 等用硫杆菌和氧电极制作出微生物传感器用于 SO_3^{2-} 的监测。硫杆菌被固定在两片硝化纤维薄膜之间,当微生物新陈代谢增加时溶解氧浓度下降,氧电极响应改变,从而测出 SO_3^{2-} 的含量,具有良好的应用前景。KARUBE I 等用多孔气体渗透膜固定硝化细菌和氧电极组成微生物传感器用于 NO_x 的监测。硝化细菌以亚硝酸物作唯一能源,当亚硝酸物存在时,硝化细菌的呼吸作用增加,氧电极中溶解氧浓度下降,从而测出 NO_x 的含量。随着科学的发展,不断有新的农药和抗生素用于农牧业,它们在给人类带来富足的同时,也给人类健康带来了危害。所以对农药和抗生素残留量的测定,各国政府一向都非常重视。近些年,人们就生物传感器在该领域中的应用也做了一些有益的探索。如 Fernando 等用鳗鲡 AchE 作为生物传感元件,对有机磷和氨基甲酸抗胆碱酯酶进行了检测,可以检测到 10 nmol/L 水平的对氧磷,而敌敌畏和焦磷酸四乙酯等农药的检测下限则更高。其主要优点是快速(几分钟内可以同时检测 8 个样品)、准确、可重复使用。PANDARD P 等将小球藻固定在以聚四氯乙烯包被的碳电极表面的 Al_2O_3 之间,借助二极管的照明可以在 30 min 内检测出浓度低于 100 mg/L 的莠去净和敌稗等除草剂。在没有污染物存在时,其稳定性很好,可以进行 24 h 以上的连续监控。

1.6 本书的立题背景和主要内容

1.6.1 本书研究意义

在现代分析化学众多新型测定技术中,生物传感器以其高度专一选择性、高灵敏度、操作方便、价格低廉,在生化样品中分析检测迅速,甚至能够进行生物活体独特优势,在近年来得到飞速发展,引起人们的普遍关注,成为分析化学、生物化学、分子生物学、传感技术等领域的前沿课题。

电化学换能器和生物相容性的固定化基质材料是本书的创新点所在。

1.6.1.1 电化学换能器 -Clark 氧电极

Clark 氧电极由铅阴极做工作电极,银阳极做参比电极,0.1 mol/L 的 KCl 做支持电解质,一个硅膜通过〇型圈附着在阴极表面。其基本工作原理描述如下:

当溶解氧分子通过硅膜进入电极的电解质溶液时,在铂阴极上将会有电子的还原,形成羟基离子(OH^-),

$$O_2 + 2H_2O + 4e^- \longrightarrow 4OH^-$$

这时羟基离子的负电荷将会扩散到镀银的阳极,与银原子发生反应生成氧化银(Ag_2O),从而释放出电子形成电流。

$$2Ag + 2OH^- \longrightarrow Ag_2O + H_2O + 2e^-$$

产生的电流信号将会放大从而通过计算机实时记录。

Clark 氧电极电化学换能器的独特的探头设计只允许溶解氧分子通过,从而提高了制备耗氧反应的生物传感器的选择性和灵敏度。

1.6.1.2 固定化材料

固定化技术是生物传感器研究的关键环节,它直接影响传感器的检测性能,决定着生物传感器的灵敏度和稳定性。固定化技术主要包括生物活性物质(如酶、细胞等)的固定方法和固定生物组分的载体材料的选择。而固定化方法是指通过某些方式如吸附、包埋、共价键合等方式将生物活性物质和载体相结合,使生物活性物质被集中或限制,避免生物活性分子的流失,使之在一定空间范围内进行催化反应,延长传感器的使用寿命并能够重复使用。而固定生物组分的载体材料的选择是固定化技术领域的一个核心内容。因此,具有生物相容性的载体材料(鸡蛋膜、壳聚糖、聚乙烯醇等)的研究在生物传感器领域引起广泛兴趣。这几种载体材料的性能如下所述。

(1)鸡蛋膜是天然的有机膜材料,由交联的有机(蛋白质与多糖)纤维构成的网状结构(其主成分为蛋白质,约占膜总重的90%左右,另外还含有约3%的脂质体及2%的糖类)的亲水性半透膜,具有一定的初性、良好的生物相容性、抗菌性、透气性、保湿能力以及吸附性质。蛋壳膜在常规条件下比较稳定,不溶于水、耐有机溶剂,在常温或低温条件下,低浓度酸碱对膜的结构与性能影响较小。在温和条件下一方面通过其表面活性基团与酶进行共价结合或交联,另一方面,蛋壳膜具有多孔结构和相当的机械强度。近年来,先后报道了通过蛋壳膜作为酶固定化平台,制备和研究了天冬甜精、葡萄糖、过氧化氢、芥子油苷、高胱氨酸等传感器。因此,蛋壳膜可以用作生物传感器中酶固定化的理想载体。

(2)壳聚糖(chitosan)是甲壳素脱乙酰基后的产物,是天然高分子生物材料,具良好生物相容性和生物可降解性、无毒、成膜能力强、高渗透性、附着力和抗菌性能。其分子中含有—OH基、—NH$_2$基、吡喃环、氧桥等动能基,因此在一定的条件可以发生生物降解、水解、烷基化、酰基化、缩合等化学反应,具有来源广泛、取材方便、实用性强等优点。因此,在固定生物组分的应用方面具有巨大的有吸引力和发展潜力。

(3)聚乙烯醇(PVA)在固定微生物方面是一个很好的固体基质材料,同时最大限度地保持其生物活性。此外,PVA廉价、无毒,具有良好的生物相容性,可以固定生物分子构造生物传感器。基于此,我们拟将以鸡蛋膜、壳聚糖、聚乙烯醇作为载体材料,以Clark氧电极作为信号传感装置,制备简单、快速、灵敏的几种基于耗氧反应的酶和细菌生物传感器,并进一步确认这些生物传感器在生化分析中应用的可能。本书工作来自于国家自然科学基金重点项目(No.50534100)和国家自然科学基金面上项目(No.20575038),并在武宝利硕士的研究的基础上建立的。

1.6.2 本书研究的主要内容

(1)以戊二醛为交联剂,将半乳糖氧化酶共价交联固定于鸡蛋壳膜载体上,基于半乳糖氧化酶能催化半乳糖的氧化反应,利用Clark氧电极构建了半乳糖生物传感器,通过氧浓度的变化间接测定半乳糖,并对实验条件、电极的响应特性、实际样品中可能存在的干扰物进行了考察。结果表明,此种传感器具有选择性高,重现性好,操作简便,干扰少,检测速度快,使用寿命长等优点,对于食品和临床的半乳糖检测具有重要的意义。

(2)在氧气存在下,乙醇氧化酶可催化氧化乙醇生成乙醛和过氧化氢,氧浓度的变化可引起Clark氧电极电流信号的改变。基于上述原理,以壳聚糖为交联剂,将乙醇氧化酶固定于新鲜鸡蛋壳膜上,将固定有酶的鸡蛋膜紧贴于Clark氧电极表面设计出一种简便、快速、灵敏和稳定性高的乙醇生物传感器。并对实验条件、电极的响应特性、可能存在的干扰物及实际样品进行了考察。并对酒样品中乙醇含量进行了测定和回收实验。

(3)甲烷氧化细菌能在室温下催化氧化甲烷,并在催化过程中消耗氧。采用聚乙烯醇将甲烷氧化细菌固定化,并与Clark氧电极结合设计出一种简便、快速、灵敏的生物传感系统。并对实验条件、传感系统的响应特性等进行了考察。

（4）结合在不同高分子材料上酶与细菌的固定化包括在蛋壳膜上用戊二醛固定半乳糖氧化酶、壳聚糖固定乙醇氧化酶，聚乙烯醇固定甲烷氧化细菌，初步探讨了固定化机理。

此外，本书也在传感器膜材料的合成方面作了一些有意义的尝试。

1.6.3 本书的主要创新点

（1）用鸡蛋膜做半乳糖氧化酶的固定化载体，并结合Clark氧电极，研制半乳糖生物传感器来测定半乳糖含量。该传感器寿命超过用其他人工膜做半乳糖氧化酶的固定化载体所研制的生物传感器的寿命。

（2）用鸡蛋膜做乙醇氧化酶的固定化载体，并结合Clark氧电极，研制乙醇生物传感器来测定乙醇含量。本书的又一创新点在于用壳聚糖代替戊二醛做交联剂，有效地避免了酶在固定化过程中的损伤，大大提高了固定化酶的活性，延长了生物传感器的使用寿命。

（3）用聚乙烯醇做甲烷氧化细菌的固定化载体，并结合Clark氧电极，研制甲烷生物传感器来测定甲烷含量。实现了在常温下通过氧化甲烷而达到检测甲烷的目的。

本书运用具有生物相容性好的鸡蛋膜、壳聚糖、聚乙烯醇做固定化载体材料，并结合专一性好的Clark氧电极，制备简单、快速、灵敏的几种基于耗氧反应的酶和细菌的生物传感器。所研制的生物传感器具有设备简单、容易操作、价格低廉、响应快速、稳定性和选择性好等优点。

参考文献

[1] CLARK L C, LYONS J C. Electrode systems for continuous monitoring in cardiovascular surgery [J]. Ann NY Acad Sci, 1962, 102：

178-180

[2] UPDIKE S J, HICKS J P. Reagentless Substrate Analysis with Immobilized Enzymes[J]. Nature,1967,214: 968-988

[3] 汪尔康.21世纪的分析化学 [M].北京:科学出版社,1999,216-227.

[4] In: TURNER A P F, KAHUBE I, WILSON G S.Editors, Biosensors: Fundamentals and Applications, Mir Publishers, Moscow, 1992.

[5] In: MULCHANDANI A./lND ROGERS K R.Editors, Enzyme and Micriobial Biosensors: Techniques and Protocols, Humana Press, Totowa, NJ,1998.

[6] TRAN M C. Biosensors, Chapman and Hall and Masson, Paris,1993.

[7] MIKKELSEN S R, CORTON E. Bioanalytical Chemistry, John Wiley and Sons, New Jersey,2004.

[8] In: BLUM L J, COULET P R, Editors, Biosensor Principles and Applications, Marcel Dekker, New York,1991.

[9] In: NIKOLELIS D, KRULL U, WANG J. Editors, Biosensors for Direct Monitoring of Environmental Pollutants in Field, Kluwer Academic, London,1998.

[10] SOUZA S F D. Microbial biosensors [J]. Biosens Bioelectron, 2001,16: 337-353.

[11] RIEDEL K, MULCHANDANI A AND ROGERS K R, Editors, Enzyme and Microbial Biosensors: Techniques and Protocols, Humana Press, Totowa, NJ,1998: 199.

[12] ARIKAWA Y, IKEBUKURO K AND KARUBE I In: Mulchandani A. and Rogers K.R, Editors, Enzyme and Microbial Biosensors: Techniques and Protocols, Humana Press, Totowa, NJ 1998: 225.

[13] SIMONIAN A L, RAININA E I AND J R. Wild In: Mulchandani A.and Rogers K.R, Editors, Enzyme and Microbial Biosensors: Techniques and Protocols, Humana Press, Totowa, NJ, 1998: 237,

[14] MATRUBUTHAM U AND G. S. Sayler In: Mulchandani A. and Rogers K.R, Editors, Enzyme and Microbial Biosensors: Techniques and Protocols, Humana Press, Totowa, NJ 1998: 249.

[15] SOUZA S F D. Immobilization and stabilization of biomaterials for biosensor applications. Appl. Biochem. Biotechnol, 2001, 96: 225-238.

[16] RICCI F, AMINE A, PALLESCHI G, et al. Prussian blue based screen printed biosensors with improved characteristics of long2term lifetime and pH stability [J], Biosens.Bioelectron, 2003, 18 (2-3): 165-174.

[17] CHENG H C, ABO M, OKUBO A. Development of dimethyl sulfoxide biosensor using a mediator immobilized enzyme electrode [J]. Analyst, 2003, 128 (6): 724-727.

[18] YOKOYAMA K, KOIDE S, KAYANUMA Y. Cyclic voltammetric simulation of elect rochemically mediated enzyme reaction and elucidation of biosensor behaviors [J]. Anal Bioanal Chem, 2002, 372 (2): 248-253.

[19] KATAKY R, MORGAN E. Potential of enzyme mimics in biomimetic sensors amodified cyclodext rin as a dehydrogenase enzyme mimic [J].Biosens Bioelect ron, 2003, 18 (11): 1407-1417.

[20] HALE P D, INAGAKI T, LEE S H, et al. Amperometric glycolate sensors based on glycolate oxidase and polymeric electron transfer mediators [J]. Analytica Chimica Acta, 1990, 228: 31-37.

[21] COOPER J M, GREENOUGH K R, MCNEIL C J. Glucose sensor utilizing polypyrrole incorporated in tract-etch membranes as the mediator [J]. Eleetroanal Chem, 1993, 347: 267.

[22] Tsakova V, Borissov D, Ivanov S.Role of polymer synthesis conditions for the copper electrodeposition in poly aniline [J]. Electrochemistry Communications, 2001, 3 (6): 312-316.

[23] ZHOU H H, J IAO S Q, CHEN J H. Relationship between p reparation conditions, morphology and electrochemical p roperties of polyaniline prepared by pulse galvanostatic method (PGM)[J]. Thin Solid Films, 2004, 450 (2): 233-239.

[24] FOULDS N C, LOWE C R. Enzyme entrapment in electrically conducting polymers [J]. J Chem Soc Faraday Trans, 1986, 82: 1259-1264.

[25] SHINOHARA H, CHIB A-T, AIZAWA M. Enzyme microsensor for glucose with an electrochemically SYNTHESIZED enzyme polyaniline film[J]. Sensors and Actuators, 1988, 13: 79-86.

[26] 阚锦晴, 穆绍林. 聚苯胺尿酸酶电极性能的研究 [J]. 物理化学学报, 1993, 9（3）: 345-350.

[27] KOOPAL C G J, FEITERSM C, NOLTE R J M, et al. Glucose sensor utiUzing polypyrrole incorporated in tract-etch membranes as the mediator[J]. Biosens Bioeletron, 1992, 7: 461-471.

[28] KOOPAL C G J, FEITERS M C, NOLTE R J M, et al. Third generation amperometric biosensor for glucose Polypyrrole deposited within a matrix of uniform latex particles as mediator [J]. Bioeletrochem Bioenerg, 1992, 29（2）: 159-175.

[29] 张国林, 潘献华, 阚锦晴, 等. 导电复合材料葡萄糖氧化酶传感器的研究 [J]. 物理化学学报, 2003, 19（6）: 533-537

[30] 唐芳琼, 韦正, 陈东, 等. 亲水金和憎水二氧化硅纳米颗粒对葡萄糖生物传感器响应灵敏度的增强作用 [J]. 高等学校化学学报, 2000, 21（1）: 91-94.

[31] TANG F Q, MEN D X W, RAN S G, et al. Glucose biosensor enhanced by nanoparticle [J]. Science in China（Bseries）, 2000, 3: 268-274.

[32] [32] 江丽萍, 吴霞琴, 朱柳菊, 等. 基于金纳米的第三代平面型葡萄糖传感器的研究 [J]. 上海师范大学学报(自然科学版), 2003, 32（1）: 48-52.

[33] 罗有福, 恪健, 盛绍基. 鸡蛋膜的最新研究进展 [J]. 云南化工, 2002, 29（1）: 21-23.

[34] 朱正华, 朱良均, 闵思佳. 丝素蛋白膜的研究和应用进展 [J]. 膜科学与技术, 2002, 22（3）: 48-51.

[35] 邓健, 廖力夫, 袁亚莉, 等. 乳酸氧化酶共价交联于蛋膜上制备乳酸传感器 [J], 分析试验室, 2002, 21（6）: 64-66.

[36] 冯治平, 吴平, 罗泽友. 生物传感器用于葡萄酒中葡萄糖含量测定的研究 [J]. 四川轻化工学院学报, 2003, 16（1）: 56-58.

[37] DIVIS C. Ethanol oxidation by an Acetobacter xylinium microbial electxodeAnn Microbiol,1975,126:175-186.

[38] KARUBE I, MATSUNAGA T, MITSUDA S, et al. Microbial electrode BOD sensors[J]. Biotechnol Bioeng,1977,19:1535-1547.

[39] BOURGEOIS W, ROMAIN A C, NICOLAS J, et al.The use of sensor arrays for environmental monitoring: interest s and limitations.[J].7 Environ Monit,2003,5（6）:852-860.

[40] OKADA T, SUZUKI S. A methane gas sensor based on oxidizing bacteria[J]. Anal Chim Acta,1982,135:61-67.

[41] DAMGAARD L R, REVSBECH N P. A Microscale Biosensor for Methane Containing Methanotrophic Bacteria and an Internal Oxygen Reservoir[J]j4na/ Chem,1997,69:2262-2267.

[42] DEWETTINCK T, VAN HEGE K, VERSTRAETE W. Development of a rapid pH-based biosensor to monitor and control the hygienic quality of reclaimed domestic wastewater[J]. Applied microbiology and biotechnology,2001,56（5-6）:809-815.

[43] LETH S, MATONI S, SIMKUS R. Engineered bacteria based biosensors for monitoring bioavailable heavy metals[J]. Electroanalysis,2002,14（1）:35-42.

[44] 李贵荣,王永生,占利生,等.甘油三酯微生物传感器的研制[J].分析化学,1998,26（7）:793-796.

[45] 李新,工晓辉,孙裕生,等.甲醇细菌电极的研究与应用[J].分析化学,1999,27（3）:281-284.

[46] 朱龙,李元宗,慈云祥.应用于检测体液中葡萄糖含量的微生物传感器研究[J].化学学报,2002,60（4）:692-697.

[47] 王晓辉,白志辉,孙裕生,等.硫化物微生物传感器的研制与应用[J].分析试验室,2000,19:（3）:84 86.

[48] CHUANG H, TAYLOR E, DAVISON T W. Clinical evaluation of a continuous minimally invasive glucose flux sensor placed over ult rasonically permeated skin [J]. DiabetesTechnol Ther,2004,6（1）:21-30.

[49] Janata, Jiri.Immunoelectrode[J].Journal of the American Chemical Society,1975,97（10）:2914-2916.

[50] 温志立,汪世平,沈国励.免疫传感器的发展概述 [J].生物医学工程学杂志,2001,18（4）:642-646.

[51] 温志立,汪世平,沈国励,等.免疫传感器的发展与制作 [J].免疫学杂志,2001,17（2）:146-149.

[52] 钟桐生,刘国东,沈国励,等.电化学免疫传感器研究进展 [J].化学传感器,2002,22（1）:7-14.

[53] 孙艳,孙峰,杨玉孝,等.光学免疫传感器技术与应用 [J].仪表技术与传感器,2002,7:5-8.

[54] NICULESCU M, ERICHSEN T, SUKHAREV V, et al. Quinohemoprotein alcohol dehydrogenase-based reagentless amperometric biosensor for ethanol monitoring during wine fermentation[J]. Analytic chimica acta, 2002, 463（1）:39-51.

[55] 赵晓君,许汉英,等.基于表面等离子体子共振的白蛋白免疫传感器的研究 [J].高等学校化学学报,1999,20（5）:704-708.

[56] LIU A, ANZAI J. Use of polymeric indicator for electrochemical DNA sensors: poly（4-vinylpyridine）derivative bearing [Os（5,6-dimethyl-1,10-phenanthroline）-Cl][J]. Anal Chem, 2004, 76（10）:2975-2980.

[57] NAGEL M, RICHTER F, HARING B, et al. A functionalized THz sensor formarker-free DNA analysis Med Biol, 2003, 48（22）:3625-3636.

[58] TODD JARVIS M. Biosensor: Todays technology, Tomorrow's Products, copublished by technical insights[J].inc.and SEAI Technical Publication, 1987.

[59] 刘士新,关晓光.生物传感器在医学中的应用 [J].生物化学与生物物理进展,1987（06）:4-9.

[60] 胡军.医学临床诊断与生物传感器 [J].工业微生物,1996,26（2）:3.

[61] 王尔康.21世纪的分析化学 [M].北京:科学出版社,1999.

[62] 刘洁生,彭志英.生物传感器在食品工业中的应用 [J].食品与发酵工业,1997,23（4）:6.

[63] 吴健,戴桂馥.应用于环境监测中的生物传感器 [J].环境科学进展,1995,3（5）:69-73

[64] ZHYLYAK G A, DZYADEVICH S V, KORPAN Y I, et al. Application of urease conductometric biosensor for heavy-metal ion determination [J].Sensors and Actuators B,1995,24-25：145-148

[65] 刘雪松,金伯泉,朱勇.用生物传感器测定重组人肿瘤坏死因子-ct单克隆抗体的 亲和力及抗原识别表位 [J].中华微生物学和免疫学杂志,2000,20（3）：240-243.

[66] 彭图治,程琼.TPD修饰电化学生物传感器测DNA片段序列[J].化学学报,2001,59（7）：1125-1129.

[67] 刘芳,刘仲明,李家洲.DNA生物传感器在乙型肝炎基因诊断中的应用 [J].广东医学,2002,23,12：1246-1247.

[68] Knight A W, Goddard N J, Fielden P R, et al.Development of a flow-through detector for monitoring genotoxic compounds by quantifying the expression of green fluorescent protein in genetically modified yeast cells[J].Measurement Science & Technology,1999,10（3）：211.

[69] 王卓,周真,郭宗文.检验苯丙酮尿症的酶生物传感器研究 [J].哈尔滨理工大学学报,2002,7（2）：54-56.

[70] ANTJE J B, NICOLE A S, NAOMI S S, et al. Biosensor for Dengue Virus Detection：Sensitive, Rapid, and Serotype Specific[J]. Analytical Chemistry,2002,74（6）：1442-1448.

[71] Kaptein W A, Korf J, Cheng S, et al.On-line flow displacement immunoassay for fatty acid-binding protein[J].Journal of Immunological Methods,1998,217（1-2）：103.

[72] CHARPENTIER L, MURR N E L. Amperometric determination of cholesterol in serum with use of a renewable surface peroxidase electrode[J]. Anal Chim Acta,1995,318：89-93

[73] Laszlo D J, Taylor B L. Aerotaxis in Salmonella typhimurium：Role of Electron Transport[J].Journal of Bacteriology,1981,145（2）：990-1001.

[74] SONG J, CHENG Q, KOPTA S, et al. Modulating artificial membrane morphology：pH-induced chromatic transition and nanostructural transformation of a bolaamphiphilic conjugated polymer from blue helical ribbons to red nanofibers[J]. J Am Chem Soc,2001,

123: 3205-3213.

[75] 宁新宝,黄德培. 物理化学生物传感器 [M]. 南京: 南京大学出版社,1991.

[76] 金利通,宋丰斌,柏竹平,等. 味觉电化学传感器的研究: Ⅰ甜,酸,苦,咸物质对模拟生物膜电位 [J]. 分析化学,1993,21（11）: 4.

[77] 金利通,孙文梁,孙星炎,等. 味觉电化学传感器的研究Ⅱ. 苦味物质对模拟生物膜膜电位的影响 [J]. 分析化学,1994,22（1）: 3.

[78] WU F Q, HUANG Y M, HUANG C Z. Chemiluminescence biosensor system for lactic acid using natural animal tissue as recognition element[J]. Biosensor and Biolectronics,2005,21（3）: 518-522.

[79] TAKA J, VOSTIAR I, GEMEINER P, et al. Monitoring of ethanol during fermentation using amicrobial biosensor with enhanced selectivity[J], Bioelectrochemistry,2002,56（1-2）: 127.

[80] NICULESCU M, ERICHSEN T, SUKHAREV V, et al. Quinohemoprotein alcohol dehydrogenase-based reagentless amperometric biosensor for ethanol monitoring during wine fermentation [J]. Analytic chimica acta,2002,463（1）: 39-51.

[81] LI B X, ZHANG Z J. Chemiluminescence flow biosensor for determination of total D -amino acid in serum with immobilized reagents[J]. Sensors and Actuators B: 2000,69（1-2）: 70-74.

[82] RADU GL, COULET P R. Anal Lett,1993,26（7）: 1321-1332.

[83] KURILYAMA S, RECHNITA G A. Plant tissue-based bioselective membrane electrode for glutamate[J]. Anal Chim Acta,1981,13t: 91-96.

[84] GURULLI A, KELLY S, OULLIYAN C, et al. Lebensmittechemic,1998,13（12）: 245-1250

[85] GAMPANCELL A L, PARIFIC I F, SAMMARTINO M P, et al. A new organic phase bienzymatic electrode for lecithin analysis in food products [J]. Bioeletronchemistry and Bioenergetics,1998,47（1）: 25- 28.

[86] Guilbault G G, Lubrano G J, Kauffmann J M, et al.Enzyme Electrodes for Sugar Substitute Aspartame[J].Analytica Chimica Acta,

1988,206（1）: 375-378.

[87] GROOM C A, LUONG J H, MASSON C. Development of a flow injection analysis mediated biosensor for sufite[J].JBiotechnol, 1993,27: 117- 127.

[88] Choi U K, Kim M H, Lee N H, et al.Changes in Quality Characteristics of Meju Made with Germinated Soybean during Fermentation[J].Korean Journal of Food Science & Technology,2007, 39（3）: 304-308.

[89] TOPCU S, SEZGINTURK M K, DINCKAYA E. Evaluation of a newbiosensor-based mushroom（Agaricus bisporus）tissue homogenate: investigation of certain phenolic compounds and some inhibitor effects and Bioelectronics,2004,20（3）: 592-597.

[90] SEZGINTURK M K, DINCKAYA E. Direct determination of sulfite in food samples by a biosensor based on plant tissue homogenate[J].Talanta,2005,65（4）: 998-1002.

[91] VOLPE G, MASCINI M. Enzyme sensors for determination of fish freshness[J].ra/anto,1996,43: 283-289.

[92] Fc. Y, Ss. K, Yf. K .Effect of fatty acids on the mycelial growth and polysaccharide formation by Ganoderma lucidum in shake flask cultures[J].Enzyme and Microbial Technology,2000（3/5）: 27.

[93] A C M Z, A Y Q G, A Z P Y, et al.Effect of octadeca carbon fatty acids on microbial fermentation, methanogenesis and microbial flora in vitro - ScienceDirect[J].Animal Feed Science and Technology, 2008,146（3-4）: 259-269.

[94] 张悦,王建龙,李花子,等.生物传感器快速测定BOD在海洋监测中的应用[J].海洋环境科学,2001,20（1）: 50-54

[95] 陈宁,焦国嵩,牟宇翔.BOD微生物传感器和BOD智能生物检测仪的研究[J].中国环境监测,2002,18（2）: 48-50.

[96] SURIYAWATTANAKUL L, SURAREUNGCHAI W, SRITONGKAM P, et a/.The use of co-immobilization of Trichosporon cutaneum and Bacillus licheniformis for a BOD sensor[J].Applied microbiology and biotechnology,2002,59（1）: 40-44.

[97] FREIRE R S, THONGNGAMDEE S, DURAN N, et al. Mixed

enzyme (laccase/tyrosinase)-based remote electrochemical biosensor for monitoring phenolic compounds[J].The Analyst,2002,127（2）: 258- 261.

[98] CHEN X, CHENG G J, DONG S J. Amperometric tyrosinase biosensor based on a sol-gel-derived titanium oxide-copolymer composite matrix for detection of phenolic compounds[J].The Analystf 2001,126（10）: 1728-1732.

[99] DEWETTINCK T, HEGE K VAN, VERSTRAETE W. Development of a rapid pH-based biosensor to monitor and control the hygienic quality of reclaimed domestic wastewater[J].Applied microbiology and biotechnology,2001,56（5-6）: 809.

[100] LETH S, MALTONI S, SIMKUS R, et al. Engineered bacteria based biosensors for monitoring bioavailable heavy metal[J]. Electroanalysis,2002,14（1）: 35-42.

[101] MARTY J L, MIONETTO N, NOGURE T, et al. Environmental applications of analytical biosensors[J]. Biosens Bioelectron,1993,8: 273-280.

[102] KARUBE I, OKADA T, SUZUKI S, et al. Amperometric Determination of Sodium Nitrite by a Microbial Sensor [J]. European J Appl Microbiol Biotechnol,1982,15: 127-132.

[103] FERNANDO J C, ROGERS K R, ANIS N A, et al. Journal of Agricultural and Food Chemistry,1993,41（3）: 511-516.

[104] PANDARD P, PAWSON D M. An amperometric algal biosensor for herbicide detection employing a carbon cathode oxygen electrode [J]. Environmental Toxicology and Water Quality,1993,8 （3）: 323-333.

[105] 罗有福,佟健,盛绍基.鸡蛋膜的最新研究进展[J].云南化工, 2002,29（1）: 21-23.

[106] 邓健,廖力夫,袁亚莉,等.乳酸氧化酶共价交联于蛋膜上制备乳酸传感器[J],分析试验室,2002,21（6）: 64-66.

[107] DENG J, YUAN Y, XU J, et al. Glucose biosensor utiUzing covalently bond glucose oxidase on egg membrane[J].Chinese J. Anal. Chem,1998,10: 1257-1259.

[108] CHOI M M F, WONG P S, XIAO D, et al. An optical glucose biosensor with eggshell membrane as an enzyrae immobilisation platform[J].Analyst,2001,126: 1558-1563.

[109] CHOI M M F, WONG P S. Application of a Datalogger in Biosensing: A Glucose Biosensor [J] J Chem Educ,2002,79: 982-984.

[110] XIAO D, CHIO M M F. Aspartame optical biosensor with bienzyme -iramobilized eggshell membrane and oxygen sensitive optode membrane[J].Anal Chem,2002,74（4）: 863-870.

[111] XIAO D, CHOI M M F.Aspartame optical biosensor with bienzyme- immobilized eggshell membrane and oxygen-sensitive optode membrane[J].Anal Chem,2002,74: 863-870.

[112] CHOI M M F, YU T P.Immobilization of beef liver catalase on eggshell membrane for fabrication of hydrogen peroxide biosensor[J].Enzyme Microb Tech,2004,34: 41-47.

[113] WEN G, ZHANG Y, ZHOU Y, et al. Biosensors for Determination of Galactose with Galactose Oxidase Immobilized on Eggshell Mtmbrant[J].Anal Lett,2005,38: 1519-1529.

[114] WU B, ZHANG G, SHUANG S, et al. Biosensors for determination of glucose with glucose oxidase immobilized on an eggshell membrane[J].Talanta,2004,64: 546-553.

[115] WUB, ZHANG G SHUANG S, DONG C, et al. A biosensor with myrosinase and glucose oxidase bienzyme system for determination of glucosinolates in seeds of commonly consumed vegetables[J].Sens. Actuators B,2005,106: 700-707.

[116] WU B, ZHANG G, ZHANG Y.Measurement of glucose concentrations in human plasma using a glucose biosensor[J].Anal Biochem,2005,340: 181-183.

[117] Zhang Y, Wen G, Zhou Y, et al.Development and analytical application of an uric acid biosensor using an uricase-immobilized eggshell membrane[J].Biosensors & Bioelectronics,2007,22（8）: 1791-1797.

[118] Wen G, Zhang Y, Shuang S, et al.Application of a biosensor for monitoring of ethanol[J].Biosensors & Bioelectronics,2008,23

(1): 121-129.

[119] WEI X, ZHANG M, GORSKI W. Coupling the lactate oxidase to electrodes by ionotropic gelation of biopolymer[J].Chem, 2003,75: 2060-2064.

[120] PARK S I, ZHAO Y. Incorporation of a high concentration of mineral or vitamin into chitosan-based films[J]. J Agric Food Chem, 2004,52: 1933-1939.

[121] DAI Y J, LIN L, PWL I, et al. Comparison of BOD optical fiber biosensors based on different microorganisms immobilized in ormosils matrix[J]. Int J Environ Anal Chem,2004,15: 607-617.

[122] BRUNO L M, COELHO J S, MELO F H M, et al. Characterization of Mucor miehei lipase immobilized on polysiloxane-poly(vinyl alcohol) magnetic particles[J]. World J Microbiol BiotechnoU,2005,21: 189-192.

[123] SZCZESNA-ANTCZAK M, ANTCZA X RZYSKA M, BIELECKI S. Catalytic properties of membrane-bound Mucor lipase immobilized in a hydrophilic carrier[J]. J Mol Catal Part B Enzyme, 2002,19-20: 261-268.

[124] DALLA-VECCfflAA R, SEBRAO D, NASCIMENTOB M G, et al. Carboxymethylcellulose and poly(vinylalcohol) used as a film support for lipases immobilization [J].Process Biochem,2005,40: 2677-2682.

[125] HASHIMOTO S, FURAKAWA K. Immobilization of activated sludge by PVA-boric acid method[J]. Biotechnol Bioeng, 1987,30: 52-59.

[126] CfflO M M F, LIANG M M K, LEE A W M. A biosensing method with enzyme-immobilized eggshell membranes for determination of total glucosinolates in vegetables[J]. Enzyme Microb Techn,2005,36(1): 91-99.

[127] ZHANG G M, LIU D S, SHUANG S M, et al. A homocysteine biosensor with eggshell membrane as an enzyme immobilization platformt[J]. Actuators, B: Chem,2006,114(2): 936-942.

[128] 孙冀平.壳聚糖及其应用[J]. 中国食品添加剂,2005,5: 83-86.

[129] 陈耀华. 人类第6生命要素[J]. 锦州医学院学报, 1999, 20(5): 48-53.

[130] NAKANE K, YAMASHITA T, IWAKORA K, et al. Properties and structure of poly (vinyl alcohol)/silica composites [J]. JAppl Polym Sci, 1999, 74: 133-138.

[131] DAI Y J, LIN L, PWL I, et al. Comparison of BOD optical fiber biosensors based on different microorganisms immobilized in ormosils matrix[J].Int J Environ Anal Chem, 2004, 15: 607-617.

[132] BRUNO L M, COELHO J S, MELO F H M, et al. Characterization of Mucor miehei lipase immobilized on polysiloxane-poly (vinyl alcohol) magnetic particles[J]. World J Microbiol BiotechnoU, 2005, 21: 189-192

[133] SZCZESNA-ANTCZAK M, ANTCZA T, RZYSKA M, et al. Catalyticproperties of membrane-bound Mucor lipase immobilized in a hydrophilic canier[J]. J Mol Catal Part B Enzyme, 2002, 19-20: 261-268.

[134] DALLA-VECCfflAA R, SEBRAO D, NASCIMENTOB M G, et al. Carboxymethylcellulose and poly (vinylalcohol) used as a film support for lipases immobilization[J]. Process Biochem, 2005, 40: 2677-2682.

第 2 章　半乳糖生物传感器的研究及分析应用

2.1　引　言

　　半乳糖是动物和植物体内碳水化合物的主要组成部分之一。如果人患有半乳糖血症,就不能代谢体内半乳糖,因此不能饮用任何奶制品。若这种半乳糖血症得不到及时治疗,便可能发展成白内障、肝炎、肾炎、脑破坏,甚至使人死亡。因此临床上半乳糖的测定对半乳糖血症和半乳糖不耐症的早期诊断和治疗具有重要作用。到目前为止,已报道了许多测定半乳糖的方法:比色法、高效液相色谱法、高压液相色谱法、薄层色谱法、核磁法等。然而,这些方法测试所用的仪器价格昂贵,操作步骤较复杂,而生物传感器克服了上述缺点,为物质浓度的测定提供了一种快速而可靠的方法。

　　最近,有报道通过在适合的基质表面固定化半乳糖氧化酶而构件电流型生物传感器来检测半乳糖的方法。在这些生物传感器中,固定半乳糖氧化酶的基质包括聚苯胺、聚噻吩和聚吡咯,然而,这些生物传感器响应时间较长且寿命较短。酶生物传感器的寿命通常依赖于所固定化酶的生物活性,而生物活性通常受到固定化基质的影响。因此,生物相容性好的、天然的有机膜材料(鸡蛋膜、壳聚糖、聚乙烯醇等)的选择与开发一直是生物传感器发展的主题。我们以前的研究已经证明,通过鸡蛋膜作酶的固定化载体所研制的传感器的寿命也比较长。鸡蛋膜大约厚 70 pm，分内外两层，为角质蛋白纤维交织成的网状结构，具有良好的透水透气性及较好的机械性能，生物相容性好、无毒等优点可作为酶固定化的优良载体。

本实验的研究目标是用半乳糖氧化酶、蛋壳膜，和一个 Clark 氧电极构建一个简单的半乳糖生物传感器来检测半乳糖的性能。半乳糖氧化酶用戊二醛以共价键固定在一个新鲜蛋壳膜，然后再安装在 Clark 氧电极表面制成半乳糖生物传感器。半乳糖氧化酶与鸡蛋壳膜上共价交联反应过程如下：

$$OHC-CH_2-CHO + \begin{matrix} H_2N-enzyme \\ H_2N-eggshell\ membrane \end{matrix} \longrightarrow \begin{matrix} HC=N-enzyme \\ | \\ CH_2 \\ | \\ HC=N-eggshell\ membrane \end{matrix}$$

将所研制的半乳糖生物传感器置于待测样品中，在半乳糖氧化酶的催化作用下，半乳糖与溶液中的氧气发生反应，生成半乳糖醛酸和过氧化氢，从而导致溶液中氧气浓度下降，Clark 氧电极能迅速捕捉到这一信号从而转变成电信号，这一信号与样品中半乳糖的含量呈线性关系，这样可以测定样品中半乳糖的含量。有关化学反应方程式如下：

$$\text{D-Galactose} + O_2 \xrightarrow{\text{galactose oxidase}} \text{galactohexodialdose} + H_2O_2$$

本实验对影响半乳糖生物传感器响应的各种因素进行了考察，对该传感器的稳定性和重线性进行了详加研究。实验表明：该传感器响应时间为 100 s，半乳糖的线性范围为 $1.0 \times 10^{-4} \sim 8.5 \times 10^{-3}$ mol/L，寿命为 3 个月。

2.2 实验部分

2.2.1 仪器与试剂

Pasco CI-6542 溶解氧传感器和 Science Workshop 500 数据处理系(PascoScientific, Roseville, CA), pHs-2 型精密酸度(上海雷磁仪器厂),81-2 型恒温磁力搅拌器(上海凯欣仪器厂), TDL-50B 型低速台式大容量离心机(上海安亭科学仪器厂)。D-半乳糖(Acros Organics),半乳糖氧化酶(Sigma 酶活力 51 800 units/g),戊二醛(25%,北京化学试剂公司),磷酸盐缓冲溶液为 pH 7.0、70 mmol/L 的磷酸氢二钠-磷酸二氢钠缓冲体。其余试剂均为均为分析纯。实验用水为二次蒸馏水。

2.2.2 半乳糖生物传感器的制备

取一新鲜鸡蛋壳,依次用自来水、蒸馏水冲洗,小心剥离蛋膜,置于洁净的表面皿中,裁成一个直径为 1.5 cm 的圆形膜。在膜上滴加 100 μL 浓度为 0.5%(w/w)的半乳糖氧化酶溶液,大约放置 1 h 后,再滴加 10 μL 浓度为 2.5%(w/w)用作交联剂的戊二醛溶液,用玻璃棒将戊二醛溶液在整个膜上均匀铺开,同时赶尽膜内气泡。室温放置至膜干,置于冰箱中冷藏过夜。用磷酸缓冲溶液(pH=7)冲洗数次,以便将未固定的酶冲洗掉。制得的酶膜浸泡在磷酸缓冲溶液中,置于冰箱中保存备用。将酶膜紧贴于氧电极的顶端,用一个"0"形环固定,即成酶电极。

2.2.3 样品处理

血样从健康人群静脉采集,用冰浴冷却,并在采集后 20 min 之内离心分离。离心分离后,取出上清液血浆,低温保存备用。

2.2.4 测定方法

将半乳糖生物传感器浸入 10 mL 被空气饱和的磷酸缓冲溶液（0.07 mol/L，pH=7），搅拌条件下加入各种体积的半乳糖标准溶液（5.0 mmol/L）和待测溶液，电极电位的变化被输入计算机数据处理器中，并以溶解氧浓度变化的形式输出。记录溶解氧浓度下降曲线，以标准曲线法测定半乳糖含量。

2.3 结果与讨论

2.3.1 半乳糖传感器的响应行为

将电极浸入 10 mL 被空气饱和的磷酸缓冲溶液（0.07 mol/L，pH=7），搅拌条件下加入各种体积的半乳糖标准溶液（5.0 mmol/L），溶解氧浓度逐渐下降，下降的幅度与溶液中半乳糖的浓度成比例。

2.3.2 不同缓冲体系的影响

不同的缓冲体系往往影响酶的活性。为了测试缓冲体系对生物传感器的影响，在 pH 均为 7、体积均为 10 mL、浓度均为 70 mmol/L 的磷酸缓冲体系、醋酸盐缓冲体系和柠檬酸缓冲体系中分别加入等量的半乳糖标准溶液。其中，在磷酸盐缓冲体系中传感器的获得最大响应，可能的原因是醋酸盐缓冲溶液和柠檬酸缓冲体系与生物传感器中半乳糖氧化酶的活性中心铜离子发生了反应，从而降低了酶的生物活性[38]，故本实验选用磷酸盐体系作底液。

2.3.3 缓冲溶液 pH 的影响

在 0.07 mol/L 不同 pH 的磷酸缓冲溶液中,分别加入等量的半乳糖标准溶液,记录溶解氧浓度下降曲线。记录显示,在 pH 3 ~ 9,溶解氧浓度下降值随着 pH 值的增大而增大,从 pH=7 开始,溶解氧浓度下降值开始下降。故本实验选用 pH=7.0 的磷酸缓冲溶液作底液。

2.3.4 缓冲溶液离子强度的影响

室温下,在 pH 值为 7.0、体积均为 10 mL、浓度分别为 1 mmol/L、25 mmol/L、50 mmol/L、70 mmol/L、100 mmol/L、200 mmol/L、300 mmol/L、400 mmol/L、500 mmol/L。凡磷酸缓冲溶液中分别加入等量的半乳糖标准溶液,溶解氧浓度直线下降,经测量发现,随着离子强度的增大,生物传感器的响应逐渐增大,但当缓冲溶液的浓度到达 70 mmol/L,响应开始下降。故本实验选用 70 mmol/L 的磷酸缓冲溶液作底液。

2.3.5 温度的影响

在 10 ~ 50 ℃环境条件下,分别将等量的半乳糖标准溶液加入到相同的磷酸缓冲溶液中,记录溶解氧浓度下降曲线。根据记录发现,随着温度的升高,溶解氧浓度下降值增大。可能原因是酶在较高的温度下,能够获得较高的反应活性,从而加快了酶促反应过程中氧的消耗速率,从而得到一个较大的氧浓度改变信号。尽管升高温度有利于加快酶促反应的速率,但高温时酶容易失活而降低使用寿命。因此,通常选取反应温度为室温。

2.3.6. 传感器的分析性能

在 pH=7.0 的磷酸缓冲溶液中测定半乳糖,记录从加样到溶解氧浓度基本平衡时的值,平均响应时间为 100 s。

在上述实验条件下,半乳糖浓度在 1.0×10^{4} ~ 8.5×10^{-3} mol/L 间呈良好的线性关系(r^2=0.998 4)。

可以检出的最小浓度计算传感器的检出限为 0.5×10^{-5} mol/L。

对 5×10^{-3} mol/L 的半乳糖溶液重复测定 7 次,测得的溶解氧浓度变化值(以 8 mg/L 定为溶液中氧的初始浓度)为:4.66、4.59、4.47、4.44、4.35、4.31、4.27,平均值为 4.44,RSD 为 3.74%。

稳定性是生物传感器的重要指标,以 5×10^{-3} mol/L 的半乳糖溶液每周测试该传感器的响应情况,在测定间隔置酶电极于 4℃磷酸缓冲溶液中保存。结果表明,随着时间的延长,传感器的响应信号有所下降。在 3 个月后,响应值降为初始值的 83.6%,说明传感器的稳定性良好。

2.3.7. 干扰测试

在体积为 10 mL 的磷酸缓冲溶液(pH 7,70 mol/L)中,对实验可能存在干扰的物质(乙醇、抗坏血酸、尿酸、乳酸盐、蔗糖、麦芽糖、葡萄糖、果糖、乳糖等)进行测定,记录从加样到稳定时的溶解氧浓度下降值,并将其换算为产生相同响应信号时半乳糖的含量。各干扰物的浓度相当于半乳糖量的关系如表 2-1 所示,从表 2-1 可看出:除乳糖对半乳糖的测定有一定的影响,其他物质几乎对其无影响。

表 2-1 干扰物质的影响

干扰物	浓度	产生相同响应信号时对应的半乳糖的含量(mmol/L)
抗坏血酸	50	0.575
乳酸盐	50	0.550
葡萄糖	50	0.426
乙醇	50	0.376
蔗糖	50	—
果糖	50	—
麦芽糖	50	—
乳糖	25	2.499

2.3.8 回收实验

健康人群血液中半乳糖含量是非常低的,用常规方法很难检测到。

但是，检测非正常的人群血液中半乳糖的含量是非常必要的。为了校准生物传感器的准确性，在血浆样品中加入各种标准浓度的半乳糖溶液进行回收实验。由表 2-2 可知：半乳糖的回收率为 94% ~ 110%。

表 2-2 生物传感器对半乳糖的回收率

样品	半乳糖浓度（mmol/L）		回收率（%）	相对标准偏差（%）
	加入	回收		
血浆	0.50	0.47	94	4.48
	1.50	1.57	105	5.19
	3.00	3.30	110	4.80
	5.00	5.15	103	3.92
	7.00	6.94	99	4.82
	8.50	8.10	95	4.80

2.4 结 论

一种新型的测量半乳糖的生物传感器通过 Clark 氧电极和固定有半乳糖氧化酶的鸡蛋壳膜共同组成。该生物传感器具有分析速度快，选择性、重现性和稳定性好等优点，它可能用于临床上半乳糖血症的诊断。

参考文献

[1] Segal S, Blair A, Roth H. The metabolism of galactose by patients with congenital galactosemia[J]. American Journal of Medicine, 1965, 38（1）: 62-70.

[2] Berry G T, Hunter J V, Wang Z, et al.In vivo evidence of brain galactitol accumulation in an infant with galactosemia and encephalopathy[J].Journal of Pediatrics,2001,138（2）: 260-262.

[3] 陈瑞冠,陈慧英. 新生儿三种代谢病筛查 [J]. 上海医学,1983, 15（6）: 342-346.

[4] Kurz G. D-Galactose UV-assay with galactose dehydrogenase[J].Methods of Enzymatic Analysis,1974.

[5] TOMIYA N, SUZUKI T, AWAYA J, et al. Determination of monosaccharides and sugar alcoholsin tissues from diabetic rats by high-performance liquid chromatography with pulsed amperometric detection[J]. Anal Biochem,1992,206: 98- 104.

[6] FLEMING S C, KYNASTON J A, LAKER M F, et al. Analysis of multiple sugar probes in urine and plasma by high-performance anion-exchange chromatography with pulsed electrochemical detection Application in the assessment of intestinal permeability in human immunodeficiency virus iiifection[J].Chromator,1993,640: 293-297.

[7] YUH Y S, CHEN J L, CHIANG C H. Determination of blood sugars by high pressure liquid chromatography with fluorescent detection[J]. Journal of Pharmaceutical and Biomedical Analysis,1998, 16（6）: 1059-1066.

[8] CAMPO G M, CAMPO S, FERLAZZO A M, et al. Improved high-performance liquid chromatographic method to estimate aminosugars and its application to glycosaminoglycan determination in plasma and serum[J]. Journal of Chromatography B_f ,2001,765: 151-160.

[9] Suzanne L Wehrli, Robert Reynolds, Jie Chen'et al. Metabolism of ^{13}C galactose by lymphoblasts from patients with galactosemia determined by NMR spectroscopy[J].Molecular Genetics and Metabolism,2002.

[10] WINK T, VAN ZUILEN S J, BULT A, et al. Self-assembled Monolayers for Biosensors[J]. Analyst,1997,122: 43R-50R.

[11] SHARMA S K, SEHGAL N, AND KUMAR A. Quick and simple biostrip technique for detection of lactose[J]. Biotechnology

Letters,2002,24（20）: 1737-1739.

[12] COOPER J C, HALL E A H. Catalytic reduction of benzquinone at poly anilineand polyaniline/enzyme,1993,75（5-6）: 385- 397.

[13] PRINGSHEIM E, TERPETSCHNIG E, WOLFBEIS O S. Optical sensing of pH using thin films of substituted polyanilines[J]. Anal Chim Acta,1997,357（3）: 247- 252.

[14] CHAUBEY A, GERARD M, SINGHAL R, et al. Immobilization of lactate dehydrogenase on electrochemically prepared polypyrrolepolyvinylsulphonate composite films for application to lactate biosensor [J]. Electrochim Acta,2001,46（5）: 723-729.

[15] 罗有福,佟健,盛绍基.鸡蛋膜的最新研究进展 [J].云南化工,2002,29（1）: 21-23.

[16] 邓健,廖力夫,袁亚莉,等.乳酸氧化酶共价交联于蛋膜上制备乳酸传感器 [J].分析试验室,2002,21（6）: 64-66.

[17] DENG J, YUAN Y, XU J, et al. Glucose biosensor utilizing covalently bond glucose oxidase on egg membrane[J]. Chinese J Anal Chem,1998,10: 1257-1259.

[18] CHOI M M F, WONG S H, XIAO D, et al. An optical glucose biosensor with eggshell membrane as an enzyme immobilisation platformf[J]. Analyst,2001,126: 1558.

[19] CHOI M M F, WONG P S. Application of a Datalogger in Biosensing: A Glucose Biosensor [J].J ChemEduc,2002,79: 982-984.

[20] XIAO D, CHIO M M F. Aspartame optical biosensor with bienzyme-immobilized eggshell membrane and oxygen sensitive optode membrane[J]. Analytical Chemistry.,2002,74（4）: 863-870.

[21] Xiao D, Choi M M F .Aspartame Optical Biosensor with Bienzyme-Immobilized Eggshell Membrane and Oxygen-Sensitive Optode Membrane[J].Analytical Chemistry,2002,74（4）: 863.

[22] CHOI M M F, YU T P. Immobilization of beef liver catalase on eggshell membrane for fabrication of hydrogen peroxide biosensor[J]. Enzyme Microb Tech,2004,34: 41-47.

[23] WU B, ZHANG Q, ZHANG Y, et al. Measurement of glucose

concentrations in human plasma using a glucose biosensor[J]. Anal Biochem,2005,340: 181-183.

[24] WU B, ZHANG G, SHUANG S, et al. Biosensors for determination of glucose with glucose oxidase immobilized on an eggshell membrane[J]. Talanta,2004,64: 546-553.

[25] WU B, ZHANG G, SHUANG S, et al. A biosensor with myrosinase and glucose oxidase bienzyme system for determination of glucosinolates in seeds of commonly consumed vegetables[J]. Sens. Actuators B,2005,106: 700-707.

[26] WEN Q, ZHANG Y, ZHOU Y, et al. Biosensors for Determination of Galactose with Galactose Oxidase Immobilized on Eggshell Membrane[J]. Anal Lettr 2005,38: 1519- 1529.

[27] ZHANG Y, WEN G, ZHOU Y, et al. Development and analytical application of an uric acid biosensor using an uricase-immobilized eggshell membrane[J]. Biosensors and Bioelectronics, 2007,22: 1791-1797.

[28] WEN G, ZHANG Y, SHUANG S, et al. Application of biosensor for monitoring of ethanol[J].Biosensors and Bioelectronicsf 2007,23: 123-129.

[29] Chornet E, Dumitriu S. Inclusion and release of proteins from polysaccharide-based polyion complexes[J].Advanced Drug Delivery Reviews,1998,31（3）: 223-246.

[30] Je J Y, Park P J, Kwon J Y, et al.A novel angiotensin I converting enzyme inhibitory peptide from Alaska pollack (Theragra chalcogramma) frame protein hydrolysate[J].J Agric Food Chem, 2004,52（26）: 7842-7845.

[31] DAI Y J, LIN L, LI P W, et al. Comparison of BOD optical fiber biosensors based on different microorganisms immobilized in ormosils matrix[J]. Int J Environ Anal Chem,2004,15: 607-617.

[32] BRUNO L M, COELHO J S, MELO F H M, et al. Characterization of Mucor raiehei lipase immobilized on polysiloxane-poly (vinyl alcohol) magnetic particles [J].World J Microbiol Biotechnol, 2005,21: 189- 192.

[33] SZCZESNA-ANTCZAK M, ANTCZA T, RZYSKA M, et al. Catalytic properties of membrane-bound Mucor lipase immobilized in a hydrophilic carrier[J].J Mol Catal Part B Enzyme,2002,19-20: 261-268.

[34] DALLA-VECCHIAA R, SEBRAO D, NASCIMENTOB M G, et al. Carboxymethylcellulose and poly (vinylalcohol) used as a film support for lipases immobilization[J]. Process Biochentj,2005,40: 2677-2682.

[35] HASHIMOTO S, FURAKAWA K. Immobilization of activated sludge by PVA-boric acid method[J]. Biotechnol Bioeng,1987,30: 52-59.

[36] PETEU S F, EMERSON D, WORDEN R M. A clark-type oxidase enzyme-based amperometric microbiosensor for sensing glucose, galactose, or choline [J]. Biosens Bioelectron,1996,11 (10): 1059-1071.

[37] JIA N Q, ZHANG Z R, ZHU J Z, et al. Galactose biosensor based on the microfabricate thin film electrode[J]. Anal Lett,2003,36 (10): 2095-2106.

[38] SCHUMACHER D, VOGEL J, LERCHE U. Construction and applications of an enzyme electrode for determination of galactose and galactose-containing saccharides[J]. Biosens Bioelectron,1994,9 (2): 85-90.

第 3 章 乙醇生物传感器的研究及分析应用

3.1 引 言

　　乙醇是临床诊断的一个重要项目,也是一些饮料的主要成分,它普遍存在于各种酒类和饮料中。乙醇浓度是乙醇发酵、啤酒酿造工业过程中的主要控制参数,乙醇检测在工业上具有重要意义。目前,工业上测定乙醇大多采用蒸馏法,该法所需样品量大,时间长,且操作繁杂。另一些方法如流动注射分析法、电分析法、流动注射 - 电分析法、红外光谱法、脉冲电流法、气相色谱法、高效液相色谱法、流动注射 - 分光光度分析法、模式滤光检测法、气相色谱法与质谱连用法、傅里叶变换红外 - 拉曼光谱法等虽然在实验室已取得了令人满意的结果,但在实际应用中却受到很多限制,如样品预处理繁杂,易受被测液色度和浊度的影响。此外,它们均不适于连续在线监测,且需要昂贵的仪器设备,一般厂家承受不了。

　　生物传感器具有准确、快速、灵敏、选择性高、价廉,易于实现自动化和微机化等特点,自 20 世纪 80 年代以来,其研究和开发得到了迅速发展。比较成熟且已商品化的乙醇生物传感器要数乙醇生物酶电极。它包括乙醇脱氢酶(ADH)电极和乙醇氧化酶(AOD)电极。乙醇脱氢酶生物传感器通常有较高的选择性,但测定时介体及烟酰胺腺嘌呤二核苷酸(NAD^+)需加在溶液体系中,这不仅使操作增加麻烦,而且试剂亦不经济。而乙醇氧化酶生物传感器是简单的,在酶氧化乙醇时只需要氧气分子作用因子,氧化乙醇生成乙醛和过氧化氢。但这种生物传感器的主要缺点是稳定性差,主要原因是用作固定化酶的基质材料限制传感器的寿命和稳定性。因此,探索生物相容性好的固定酶的基质材料是乙醇氧化酶生物传感器的发展趋势。目前用于固定乙醇氧化酶的基质材料主要有尼龙布、猪小肠、尼龙网、聚丙烯膜、醋酸纤维素膜、聚丙烯酰胺膜、Nafion膜、碳糊基质、聚碳酸酯膜、石墨特氟伦膜、特氟伦膜等,但这些膜作固定化酶时操作并不简单且很难保持酶的天然活性,故所研制的生物传感器的稳定性较差。一种可能提高生物传感器稳定性的方法是把酶固定在生物相容性好的材料上。一些研究表明,鸡蛋壳膜用作固定化酶时能保持好的酶的活力。目前,我们已构建了几种以鸡蛋壳膜做酶固定化载体的生物传感器。最近,我们在研究中发现生物相容性好的壳聚糖在作固定化酶时具有非常好的应用前景,在生物高聚物壳聚糖的多糖链与酶分子之间形成聚合电解质络合。

本实验以壳聚糖为交联剂,将乙醇氧化酶交联于鸡蛋膜上,再将固定有酶的鸡蛋膜紧贴于Clark氧电极表面制成乙醇生物传感器。考察了该传感器的最佳工作条件及传感器的分析测试性能。将该传感器应用于各种酒样中乙醇含量的测定,分析结果与气相色谱法进行了比较。

3.2 实验部分

3.2.1 仪器和试剂

Pasco CI-6542溶解氧传感器和Science Workshop 500数据处理系统(Pasco Scientific, Roseville, CA),H-600 Hitachi扫描电子显微镜(Tokyo, Japan),pHs-2型精密酸度计(上海雷兹仪器厂),81-2型恒温磁力搅拌器(上海凯欣仪器厂)。

乙醇氧化酶(Sigma,酶活力为20 000~40 000 Units/g),壳聚糖(m.w. 700 000)(Sigma),戊二醛(25%,北京化学试剂公司),其他试剂

均为分析纯。实验用水为二次蒸馏水。

3.2.2 样品的预处理

啤酒和白酒从当地超市购买,稀释至测定浓度。

3.2.3 乙醇氧化酶的固定化

当溶液冷却到室温时用 0.1 mol/L NaOH 溶液调节 pH,使其为 6,然后用去离子水稀释到 20 mL,即为 0.30%(w/v)的壳聚糖溶液。取新鲜鸡蛋壳一个,小心剥离蛋膜。然后用蒸馏水流动冲洗,置于洁净的表面皿中,裁成一个直径为 1.5 cm 的圆形膜。在整个膜表面轻轻用一根玻璃棒将壳聚糖溶液与酶溶液搅拌均匀,室温放置 6 h,用磷酸缓冲溶液(pH=7.4)冲洗数次,以便将未固定的酶冲洗掉。制得的酶膜浸泡在磷酸缓冲溶液中,置于冰箱中保存备用。

3.2.4 固定化酶膜扫描电镜表征

将空白鸡蛋膜和固定有乙醇氧化酶的鸡蛋膜分别固定在直径为 2 mm 的圆形铜网上,然后用喷枪在鸡蛋膜上喷一层很薄的金,用于作扫描电镜。

3.2.5 生物传感器的制备和乙醇的测定方法

乙醇生物传感器的制做如下:将酶膜紧贴于 Clark 氧电极的顶端,用一个"0"形环固定,即为乙醇生物传感器。将电极浸入 10 mL 被空气饱和的磷酸缓冲溶液(pH=7.4),如图 3-1 所示,搅拌条件下用一注射器加入各种体积(1.5 ~ 20 L)的 0.40 mol/L 的乙醇标准溶液,溶解氧浓度下降曲线如图 3-3 所示。溶解氧的浓度的信号通过计算机数据处理器的形式输出。当传感器不用时,可以把酶膜从 Clark 氧电极上取下来,然后储存在 4 ℃的 pH 为 7.4 的磷酸盐缓冲溶液中备用。

第 3 章　乙醇生物传感器的研究及分析应用 | 49

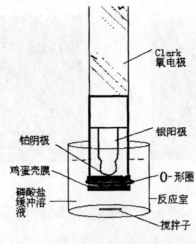

图 3-1　乙醇生物传感器的示意图

3.3　结果与讨论

3.3.1　壳聚糖固定乙醇氧化酶

　　壳聚糖在酶的固定化过程中能够获得较高的固定化效能[48]。固定化的完成通过壳聚糖的阳离子与酶的阴离子之间的静电吸附[49]。由于乙醇氧化酶的等电点在 pH 4.0～5.0，乙醇氧化酶在 pH 为 5 以上带负电荷[49]，而在 pH 为 7 时，壳聚糖带正电荷。因此，在我们的实验条件下，乙醇氧化酶和壳聚糖之间可能形成某种稳定的离子对。图 3-2 是鸡蛋膜的扫描电镜图，图 3-2（a）是空白膜，图 3-2（b）可以看到在鸡蛋膜上有乙醇氧化酶和壳聚糖群集点和斑点。因此，我们认为乙醇氧化酶已成功地固定在鸡蛋膜上。

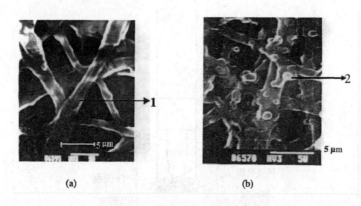

图 3-2 鸡蛋膜的扫描电镜图

（a）空白鸡蛋膜；(b)固定有酶的鸡蛋膜

3.3.2 乙醇生物传感器的响应行为

Clark 氧电极用于检测乙醇在酶催化氧化中氧消耗的速率。溶解氧浓度的下降通过传感器检测出来。图 3-3 表示乙醇生物传感器对一系列乙醇浓度变化的响应曲线。结果表明,溶解氧浓度下降值与溶液中乙醇的浓度成比例。一个线性关系曲线在插图 3-3 中。用 Lineweaver-Burk'splotj 推算乙醇氧化酶的表观米氏常数为 3.89 mmol/L。所有的数据点都测量三次。

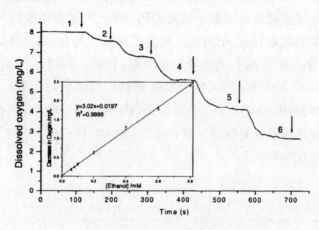

图 3-3 乙醇生物传感器的响应行为

（Dissolved oxygen: 溶解氧；Time: 时间；Decrease in Oxygen: 溶解氧浓度下降值；Ethanol: 乙醇）

3.3.3 壳聚糖和酶用量的影响

为了优化壳聚糖在生物传感器中的使用浓度,以壳聚糖浓度分别为 0.10、0.30 和 0.50(w/v)制作三种类型的酶膜,覆盖在 Clark 氧电极表面制成各种乙醇传感器,在相同条件下测定传感器的响应。壳聚糖浓度为 0.30%(w/v)时,传感器有最大的响应。壳聚糖浓度高于或低于 0.30%(w/v)时,传感器的响应会下降。当壳聚糖浓度太低时,一些酶分子不能与壳聚糖键合,从而导致酶分子的泄露。当浓度太高时,有较多的酶和壳聚糖聚集块会影响分子的扩散,从而延长传感器的响应时间。所以实验中用 0.30%(w/v)壳聚糖为交联剂。

由于固定化酶的数量会强烈影响生物传感器的响应,任何酶浓度的改变都会影响传感器的灵敏度。通过各种数量(0.1 ~ 2.0 mg)的酶来制作不同类型的固定化酶膜。生物传感器的灵敏度会随着固定化酶的数量的增加而增加,然而当酶的数量达到 1.0 mg 时,生物传感器的灵敏度就不会再增加。因此,本实验选用乙醇氧化酶的数量为 1.0 mg。

3.3.4 交联剂的影响

为了研究交联剂对生物传感器的影响,本实验选用壳聚糖和戊二醛分别固定乙醇氧化酶制成两种不同的生物传感器作性能比较。研究表明:用壳聚糖作交联剂所研制的生物传感器的灵敏度是戊二醛作交联剂的生物传感器的两倍。这可能的原因是戊二醛在酶的固定化过程中使酶失活[50]。而且壳聚糖作交联剂所研制的生物传感器响应速度也比戊二醛作交联剂的生物传感器的响应速度快。固本实验选用壳聚糖作固定化酶交联剂。

3.3.5 缓冲溶液 pH 的影响

把生物传感器放置于 pH 为 4.0 ~ 10.0 的磷酸缓冲溶液中,分别加入等量的乙醇标准溶液,经研究可知,生物传感器的响应会随着 pH 增加而增大,但在 pH 超过 7.4 时响应会下降。这可能的原因是 pH 太高或太低时,乙醇氧化酶的活性会降低,因为乙醇氧化酶的在 pH 为 7.5 时活性最大。我们的实验结果与这基本一致。故本实验选用 pH=7.4 的磷酸缓冲溶液用于以后的实验。

3.3.6 温度的影响

温度对酶的活性有较大的影响,因此在 10 ~ 45℃ 环境条件下研究温度对传感器的影响。分别将等量的乙醇准溶液加入到相同的磷酸缓冲溶液中,记录溶解氧浓度下降曲线。根据记录可知,随着温度的升高,溶解氧浓度下降值增大。但在 45 ℃ 以后响应会下降。可能原因是酶在较高的温度下,能够获得较高的反应活性,从而加快了酶促反应过程中氧的消耗速率,从而得到一个较大的氧浓度改变信号。尽管升高温度有利于加快酶促反应的速率,但酶是蛋白质,在高温时容易变性。这样一来会降低传感器使用寿命。同时温度对氧气在溶液中的溶解度有较大的影响,温度高时溶解度会下降。因此,增加温度会导致溶解氧浓度的降低以至于产生较窄的线性范围。综合实际因素,为了延长传感器寿命,通常选取室温(20 ~ 25℃)用作实验温度。

3.3.7 乙醇生物传感器的分析性能

在 pH=7.4 的磷酸缓冲溶液中测定乙醇,记录从加样到溶解氧浓度基本平衡时的值,平均响应时间为 60 s。

以信噪比的三倍计算传感器的检出限为 3.0×10^{-5} mol/L。对 4.0×10^{-4} mol/L 的乙醇溶液重复测定 11 次,测得的溶解氧浓度变化值(以 8 mg/L 定为溶液中氧的初始浓度)分别为:1.240、1.303、1.240、1.179、1.240、1.241、1.303、1.241、1.240、1.303、1.302,RSD 为 3.20 %。同样的方法制作四种不同的酶膜构建不同的传感器,结果表明:生物传感器的相对标准偏差为 3.4 %。

表 3-1(a)对我们所研制的乙醇生物传感器和传统的乙醇检测方法的性能进行了比较。气相色谱/流动注射法具有较低的检测限(0.1 ppm),脉冲电流法有较宽的线性范围(0.02 ~ 1700 mmol/L)。红外光谱法具有较好的重现性(0.11% ~ 0.5%)。虽然这些方法具有较好的重

现性和精密度,但它们的分析方法复杂、费时,且需要昂贵的仪器设备。用酶催化的方法代替可以弥补这些缺点。该方法与别的方法相比具有较快的响应,好的重现性和较低的检测限。

3.3.8 稳定性研究

为了检测生物传感器的操作稳定性,在最优化的工作条件(20~25 ℃,pH 7.4,25 mmol/L 磷酸盐缓冲溶液)下,用新制作的生物传感器测定 0.40 mmol/L 的乙醇溶液。在 10 h 内进行 36 次测定,结果表明生物传感器测定结束后仍然能够保持原来的活性。

生物传感器的储藏稳定性也是非常重要的。为了校准乙醇生物传感器的储藏稳定性,在 3 个月的储藏期中,定期每 3 天测定一次生物传感器对乙醇的响应,每次测定结束后,把固定有酶的鸡蛋膜保存在 4 ℃,pH 7.4 和 25 mmol/L 磷酸盐缓冲溶液中。结果表明:在 3 个月后,响应值降为初始值的 86.6%,说明传感器的稳定性良好。极好的寿命取决于壳聚糖/鸡蛋膜的生物相容性。一些乙醇氧化酶生物传感器的性能比较在表 3-1(b)中。这些乙醇氧化酶生物传感器主要的缺点是储藏稳定性差。虽然我们所研制的生物传感器的稳定性与别的传感器相比没有太大优势,但仍然有较长的寿命,在三个月的保存期内只有 13.4% 的活性损失。而且我们的生物传感器有响应快和容易操作等优点,总的样品分析时间不超过 1 h。另外,鸡蛋膜比现有的人工膜既便宜又容易得到。简言之,我们的生物传感器用于乙醇的检测是简单的、快速的和廉价的。

3.3.9 干扰测试

对实际样品中可能存在的干扰物是否产生干扰进行考察,并将其换算为产生相同响应信号时乙醇的含量。对于酒样品,可能存在的干扰物为抗坏血酸、柠檬酸、乳酸、乙酸。结果表明:实际样品中可能存在的干扰物质抗坏血酸、柠檬酸、乳酸、乙酸、丙酸、丁酸和烯丙醇对乙醇含量的测定几乎不产生干扰。

表 3-1 (a) 生物传感器法与传统方法的分析性能比较

分析性能	生物传感器	电化学法	流动注射-电化学法	流动注射-光谱法	振动光谱法	模式感光法	气相色谱-流动注射法（直接法）	气相色谱-流动注射法
响应时间	60 s	4 h	120 s	120 s	71 s	47 s	—	—
线性范围	0.06~08 mmol/L	0.2~2 mmol/L	0~2.6 mol/L	1.7~5.1 mol/L	0.8~5.1 mol/L	0~13.7 mol/L	0.1~5 000 mg/L	—
检测限	30 mol/L	4.3 mol/L	1.7 mol/L	0.2 mol/L	3.4 mmol/L	0.17 mol/L	0.1 ppm	0.3 ppm
重现性	3.2% (n=11)	4.3% (n=6)	2% (n=3)	3.4% (n=10)	0.11~0.5%	—	—	—
分析性能	气相-质谱法	傅里叶变换-近红外光谱法	傅里叶变换-拉曼光谱	高效液相色谱-傅里叶变换法	傅里叶变换-火焰离子化法	脉冲电流法	光度-蒸发法	—
响应时间	—	—	—	—	—	—	—	—
线性范围	0.004 8~0.014 3% (v/v)	—	—	1~10 mg/L	—	0.02~1 700 mmol/L	—	—
检测限	0.05% (w/w)	—	0.2% (w/w)	—	—	0.02 mmol/L	1%	—
重现性	1.8%	—	—	—	—	1% (n=8)	—	—

表 3-1 (b) 各种乙醇氧化酶生物防传感器性能比较

酶的固定化材料	稳定性	线性范围（mmol/L）	相对标准偏差(%)	参考文献
碳糊基质	在 9 h 内进行 270 次测量后灵敏度损失 10%	0.25~2	—	[29]
聚氨基甲酰-磺酸水凝胶	在 12 h 内进行 12 次测量灵敏度损失 32%。每天测定一次，18 d 后灵敏度损失 40%	0.01~3.0	1.9（$n=8$）	[20]
聚乙烯-二茂(络)铁	36 d 进行 132 次测量后灵敏度损失 98%	—	—	[49]
玻碳-高分子络合膜	每天测定 10 次，14 d 后灵敏度损失 50%	0.1~4.0	6.1（$n=10$）	[53]
碳糊-石墨-特氟纶-二茂(络)铁	每天进行 3 次测量，15 d 后没有灵敏度损失	0.01~0.75	2	[31]
聚吡咯	6 h 进行 180 次测量后，灵敏度损失 5%	—	—	[54]
壳聚糖-鸡蛋膜	每 3 d 测定 1 次，3 个月后灵敏度损失 13.4%	0.06~0.8	3.2（$n=11$）	本章实验

3.3.10 样品分析

将该生物传感器用于测定啤酒和白酒中乙醇的含量，与用气相色谱法得出的结论进行了比较，并对酒样进行了回收试验，结果见表 3-3。

表 3-3 实际样品测定

样品	传感器方法测定乙醇浓度（v/v）	气相色谱法测定乙醇浓度（v/v）	乙醇浓度（mmol/L）		回收率（%）	相对标准偏差(%)
			加入	回收		
啤酒	3.20	3.25	0.060	0.055	92	1.3
			0.200	0.212	106	5.4
			0.800	0.757	95	2.4
果啤	0.862	0.90	0.060	0.063	105	3.7

续表

样品	传感器方法测定乙醇浓度（v/v）	气相色谱法测定乙醇浓度（v/v）	乙醇浓度（mmol/L）		回收率（%）	相对标准偏差（%）
			加入	回收		
			0.200	0.207	104	3.3
			0.800	0.817	102	4.8
低度白酒	36.6	37.0	0.060	0.064	107	3.9
			0.200	0.209	105	4.6
			0.800	0.812	102	5.1
高度白酒	55.6	55.9	0.060	0.064	107	3.9
			0.200	0.215	108	4.3
			0.800	0.820	103	5.0

3.4 结 论

本实验提出了通过Clark氧电极和壳聚糖固定的鸡蛋膜构建生物传感器的可行性。扫描电镜证实了氧化酶成功地固定在鸡蛋膜上。该生物传感器在分析性能方面具有与现有的生物传感器相当，又具有响应快、稳定性和重现性好等优点。最大的优点是体积小、装置简便、容易操作、价格便宜和容易操作。并应用于酒样的实际样品的测定，易于实现氧电机生物传感器的便携式和自动化。

参考文献

[1] 吉尔鲍特.GG1酶法分析手册1[M].上海：上海科技出版社，1983。

[2] KUNNECKE W, SCHMID R D. Gas-diffusion dilution flow-injection method for the determination of ethanol in beverages without sample pretreatment[J]. Anal Chim Acta, 1990, 234: 213-220.

[3] Wing-Hong Chan, A W M. Lee Ca^{2+} Differential Pulse-polarographic Microdetermination of Ethanol and its Application in Beer Determination", Analyst[J].The Analyst, 1992, 117: 1509-1512.

[4] Mohns J, Wolfgang Künnecke.Flow analysis with membrane separation and time based sampling for ethanol determination in beer and wine[J].Analytica Chimica Acta, 1995, 305（1）: 241-247.

[5] Prez-Ponce A, Garrigues S, Miguel D L G .Vapour generation？Fourier transform infrared direct determination of ethanol in alcoholic beverages[J].Analyst, 1996, 121（7）: 923-928.

[6] TARNOWSKI D J, KORZENIEWSKI C. Amperometric detection with membrane-based sampling for percent-level determinations of ethanol[J]. Anal Chim Acta, 1996, 332: 111-121.

[7] TANGERMAN A. Highly sensitive gas chromatographic analysis of ethanol in whole blood, serum, urine, and fecal supernatants by the direct injection method[J]. Clin Chem, 1997, 43: 1003-1009.

[8] Gail M C M D, Lubica D. An Accurate, Automated, Simultaneous Gas Chromatographic Headspace Measurement of Whole Blood Ethanol and Acetaldehyde for Human In Vivo Studies[J].Journal of Analytical Toxicology, 2023（2）: 134.

[9] VONACH R, LENDL B, KELLNER R J. High-performance

liquid chromatography with real-time Fourier-transforra infrared detection for the determination of carbohydrates, alcohols and organic acids in wines[J]. Chromatogr A,1998,824:159-167.

[10] DOS SANTOS SRB, DE ARA UJO MCU. An automated FIA system to determine alcoholic grade in beverages based on Schlieren effect measurements using an LED-photocolorimeter[J]. Analyst,2002, 127:324-327.

[11] YUAN H, CHOI MMF, CHAN WH, et al. Dual-light source excitation for mode-filtered light detection[J]. Anal Chim Acta,2003, 481:301- 310.

[12] APERS S, VAN MEENEN E, PIETERS L, at el. Quality control of liquid herbal drug preparations: ethanol content and test on methanol and 2-propanol[J]. /P/iarm BiomedAnal,2003,33:529 - 537.

[13] MENDES L S, OLIVEIRA F C C, SUAREZ P A Z, at el. Determination of ethanol in fuel ethanol and beverages by Fourier transform (FT)-near infrared and FT-Raman spectrometries[J]. Anal. ChimActa,2003,493:219 - 231.

[14] REBELO M J F, COMPAGNONE D, GUILBAULT G G, at el. Alcohol Electrodes in Beverage Measurements[J]. AnaZ/eW,1994, 27(15):3027-3037.

[15] Béatrice Leca, Marty J L. Reusable ethanol sensor based on a NAD^+-dependent dehydrogenase without coenzyme addition[J]. Analytica Chimica Acta,1997,340(1):143-148.

[16] IVANOVA EV, SERGEEVA VS, ONI J, et al. AD, SCHUMANN W[J]. Bioelectrochemistry,2003,60:65 - 71.

[17] Toru F, Yuko K, Takashi H, et al. Pancreatic tumor: progress in diagnosis and treatment. Topics: II. Intraductal papillary mucinous neoplasm of the pancreas(IPMN)/mucinous cystic neoplasm(MCN); 2. Pathology and pathobiology[J].Nihon Naika Gakkai zasshi. The Journal of the Japanese Society of Internal Medicine,2019,2012,101 (1):57-63.

[18] Patel N G, Meier S, Cammann K, et al.Screen-printed biosensors using different alcohol oxidases[J].Sensors & Actuators B

Chemical, 2001, 75 (1-2): 101-110.

[19] Azevedo A M, Prazeres D M F, Cabral J M S, et al.Ethanol biosensors based on alcohol oxidase[J].Biosensors & Bioelectronics, 2005, 21 (2): 235-247.

[20] Nanjo M, et al.Amperometric determination of alcohols, aldehydes and carboxylic acids with an immobilized alcohol oxidase enzyme electrode[J].Analytica Chimica Acta, 1975, 75 (1): 169-180.

[21] Guilbault G G, Danielsson B, Mandenius C F, et al.Enzyme electrode and thermistor probes for determination of alcohols with alcohol oxidase.[J].Analytical Chemistry, 1983, 55 (9): 1582.

[22] Verduyn C, Dijken J P V, Scheffers W A .A simple, sensitive, and accurate alcohol electrode[J].Biotechnology & Bioengineering, 2010, 25 (4): 1049-1055.

[23] Belghith H, Romette J L, Thomas D. An enzyme electrode for on-line determination of ethanol and methanol.[J].Biotechnology & Bioengineering, 1987, 30 (9): 1001.

[24] Mascini M, Memoli A, Olana F. Microbial sensor for alcohol[J].Enzyme and Microbial Technology, 1989, 11 (5): 297-301.

[25] Matsui J, Fujiwara K, Takeuchi T. Atrazine-selective polymers prepared by molecular imprinting of trialkylmelamines as dummy template species of atrazine[J].Analytical Chemistry, 2000, 72 (8): 1810-1813.

[26] Karyakin A A, Karyakina E E, Gorton L .Prussian-Blue-based amperometric biosensors in flow-injection analysis[J].Talanta, 1996, 43 (9): 1597.

[27] Vijayakumar A R, Csregi E, Heller A, et al.Alcohol biosensors based on coupled oxidase-peroxidase systems[J].Analytica Chimica Acta, 1996, 327 (3): 223-234.

[28] Boujtita M, Hart J P, Pittson R. Development of a disposable ethanol biosensor based on a chemically modified screen-printed electrode coated with alcohol oxidase for the analysis of beer[J]. 2000, 15 (5-6): 257-263.

[29] A.Guzmán-Vázquez de Prada, Pe A N, Mena M L, et

al.Graphite-Teflon composite bienzyme amperometric biosensors for monitoring of alcohols[J]. 2003,18（10）:1279-1288.

[30] 罗有福,佟健,盛绍基. 鸡蛋膜的最新研究进展 [J]. 云南化工,2002,29（1）:21-23.

[31] 邓健,廖力夫,袁亚莉,等. 乳酸氧化酶共价交联于蛋膜上制备乳酸传感器 [J]. 分析试验室,2002,21（6）:64-66.

[32] DENG J, YUAN Y, XU J, et al. Glucose biosensor utilizing covalently bond glucose oxidase on egg membrane[J]. Chinese J. Anal. Chem,1998,10: 1257- 1259.

[33] CHOI M M F, WONG P S, XIAOD, et al. An optical glucose biosensor with eggshell membrane as an enzyme immobilisation platform[J]. Analyst,2001,126: 1558-1563.

[34] CHOI M M F, WONG P S. Application of a Datalogger in Biosensing: A Glucose Biosensor [J]. J Chem Educ,2002,79: 982-984.

[35] XIAO D, CHIO M M F. Aspartame optical biosensor with bienzyme-immobilized eggshell membrane and oxygen sensitive optode membrane. Anal Chem,2002,74（4）: 1863-1870.

[36] Xiao D, Choi M M F.Aspartame Optical Biosensor with Bienzyme-Immobilized Eggshell Membrane and Oxygen-Sensitive Optode Membrane[J].Analytical Chemistry,2002,74（4）: 863.

第 4 章 甲烷微生物传感系统的构建及分析应用

4.1 引 言

甲烷是有机物在氧的情况下分解的主要产物,是碳循环过程中的重要媒介,也是天然气的主要成分。作为一种清洁能源具有潜在应用价值。众所周知,甲烷的爆炸极限为 5% ~ 14%(v/v),因此,甲烷的检测在油气工业、废水处理厂、垃圾回收站和煤矿企业具有重要的意义。

目前检测甲烷的方法主要有催化传感器法,光传感器法,中红外传感器法近红外传感器。然而,这些方法仍然存在一些缺点,如需要经常校正仪器、催化剂容易中毒、仪器昂贵、结构复杂和市场化存在困难等。由于甲烷特殊的稳定结构,在常温下很难实现氧化,然而微生物的方法可以实现甲烷的常温氧化。1979 年,T. Matsunaga 等研究发现,从天然物质中提取、在纯的培养环境中生长的甲烷氧化细菌——单基甲胞鞭毛虫是一种新的菌类,单基甲胞鞭毛虫以甲烷和氧为能源进行呼吸:

$$CH_4 + NADH_2 + O_2 \longrightarrow CH_3OH + NAD + H_2O$$

甲烷氧化菌是甲基氧化菌的一个分支,其独特之处在于其能利用甲烷作为唯一的碳源和能源。几乎所有的甲烷氧化菌都是专性甲烷氧化菌。甲烷氧化菌的典型特征是含有甲烷单氧酶(MMO)催化甲烷氧化为甲醇。甲烷单氧酶有两种不同类型:颗粒状或膜结合甲烷单氧酶

(pMMO)和可溶性甲烷单氧酶(sMMO)。虽然它们细胞内功能相似，但这两种酶的基因或结构都不相同：sMMO 酶复合体包含3个部分：蛋白 A、蛋白 B 和蛋白 C。蛋白 A 是一个羟化酶，含3对亚基，八亚基上的双铁中心是甲烷氧化作用的活性位点。蛋白 B 协助电子转运与蛋白 A 和蛋白 C 的相互作用。蛋白 C 是 sMMO 的还原酶部分，催化还原力从 NADH 到强羟化酶的传送。到目前为止对 pMMO 了解甚少，主要因为其在胞外异常不稳定且对氧气高度敏感。甲烷氧化菌氧化甲烷生成 CO_2，并在此过程中获得生长所需的能量。第一步由 MMO 将甲烷活化生成甲醇，甲醇进一步氧化为甲醛，甲醛再同化为细胞生物量或通过甲酸氧化为 CO_2，然后经过一系列的脱氢反应生成 CO_2 重新回到大气的碳库中，即甲烷—甲醇—甲醛—甲酸—CO_2 甲烷氧化菌不但在全球甲烷消耗中起着重要的作用，而且它在水陆生态环境的碳、氧、氮循环中也起着重要作用。甲烷氧化菌在生物工程领域生产单细胞蛋白和新功能酶等方面及降解卤代化合物如三氯乙烯(TCE)的能力也体现出极大的潜力，近年来尤其是利用甲烷氧化菌制备生物甲烷传感器更是研究热点。

1980 年，日本的 I.Karub。等人将单基胞鞭毛虫用琼脂固定在醋酸纤维膜上，制备出固定化微生物反应器(甲烷传感器)用以测定甲烷。该微生物传感器由固定化微生物传器、控制反应器和两个氧电极构成。分析甲烷气体的时间为 2 min，甲烷浓度低于 66 mmol/L 时，电极间的电流差与甲烷浓度呈线性关系。最小检测浓度为 131 μmol/L。

1996 年，丹麦的 Lars R. Damgaard 等人利用甲基弯曲鞭毛孢子虫氧化菌制成甲烷微型传感器，响应时间为 20 s，具有好的线性、重线性和稳定性。

然而，在微生物传感器中，由于传感器的响应，操作稳定和使用寿命等因素都与微生物的固定化密切相关，因此微生物的固定化技术在生物传感器中占有重要的地位。目前，吸附和包埋是细菌固定化的两种主要方法，这些方法能够保持细菌的结构功能基本不变，因此具有较高的固定化活性。常用的包埋试剂主要有海藻酸钠、卡拉胶、壳聚糖、胶原质、聚丙烯酰胺、聚乙烯醇、聚乙烯凝胶等。最近研究发现，聚乙烯醇(PVA)在固定微生物方面是一个很好的固体基质材料，同时最大限度地保持其生物活性。此外，PVA 廉价、无毒、具有良好的生物相容性，可以固定生物分子构造生物传感器。用 PVA- 硼酸交联固定活性污泥制作的微生物传感器已得到较好的发展。目前，PVA- 硼酸交联法固定甲烷氧化细菌还未见报道。因此，我们选择 PVA- 海藻酸钠 - 硼酸交联法固定假单胞菌和克雷伯氏菌。由于细菌的共固定化能使各组分之间互补催化活性，在生长过程中相互依赖、相互促进，形成了丰富的酶系和多样化产物体系，也可以平衡两个不同细胞或酶之间相应的酶活性获得高产率，具有单菌种催化无法比拟的优点，因此，我们选择共同固定化。本章详细探讨了细菌固定化方法。对传感器的响应时间、线性范围、重线性和稳定性，以及温度和酸度对传感器的影响进行了详细研究。

综上所述，本章在文献基础上以培养高灵敏、高稳定性的甲烷氧化细菌和探索高催化活性和稳定性的细菌固定化方法为突破口，研究新型的甲烷微生物传感器，建立适合于甲烷检测的新方法。本章的研究成果将为甲烷的长期、稳定、精确的检测提供新手段，扩展现有的测定技术。

4.2 实验部分

4.2.1 实验材料

4.2.1.1 水样

山西太原晋阳湖水面下约 0.5 m 处采集。

4.2.1.2 主要试剂

聚乙烯醇(聚合度 1750 ± 50，分子量 30、153、160，上海化学试剂公司分装厂)，甲烷气体(1%、1.5%、3%、5%、10%、16%、99.99% v/v)、氧气(99.99%)，购自太原钢铁集团，硼酸(AR，天津化学试剂三厂)，海藻酸钠(CP，天津市光复精细化工研究所)，无水氯化钙(CP，北京化学化工厂)，磷酸氢二钠(AR，北京益利精细化学品有限公司)，磷酸二氢钠

(AR,成都化学试剂厂),碳酸氢钠(CP,上海虹光化工厂)。

4.2.1.3 主要仪器

Pasco CI-6542 溶解氧传感器和 Science Workshop 500 数据处理系统(Pasco Scientific, Roseville, CA),电子天平(北京赛多利斯仪器有限公司),SYZ-A 型石英亚沸高纯水蒸馏器(江苏勤华玻璃仪器厂),TDL-50B 台式离心机(上海安亭科学仪器),78HW-I 恒温磁力搅拌器(杭州仪表电器厂),上海雷磁 PHS-3C 精密 PH 计,HQL150B 恒温摇床(武汉中科实验设备厂),FA1004A 型电子天平(上海天平仪器厂),752 型紫外—可见分光光度计,BCD-216F/B 型冰箱(Haier 集团);ML-S-3020- 高压灭菌锅(日本 SANYO 公司);SW-CJ-1F 超净台(哈尔滨市东联公司),TGL-16M 高速台式冷冻离心机(长沙湘仪离心机仪器有限公司),HX-1050 恒温循环器(北京德天佑科技有限公司),XW-80A 旋涡混合器(上海精科实业有限公司);PCR 仪(MJRESEARCH);光学显微镜、荧光显微镜(OLYMPUS)。

4.2.2 试剂和培养基的配制

4.2.2.1 试剂配方

菌体形态观察染液均按照 2.2.2 培养基的配制甲烷氧化菌分离及培养的培养基的配制:KH_2PO_4 0.5 g、Na_2HPO_4 0.5 g、NaCl 0.4 g、KNO_3 1.0 g、NH_4Cl 0.5 g、$MgSO_4$-71120 1.0 g、$CaCl_2$ 0.2 g、微量元素液 1 mL、固体培养基需加 2% 的琼脂、pH 7.2。

将上述组分的培养基分装于可密封的 300 mL 盐水瓶中,每瓶 100 mL,灭菌备用。

4.2.3 细菌培养

细菌分别接种于装有 100 mL 液体培养基,空气和甲烷的体积比为 1∶1,然后在恒温摇床上培养 8 d（30 ℃、80 r/m）。

4.2.4 形态观察

4.2.4.1 菌落的形态观察

吸取纯培养的菌液进行梯度稀释至 10^{-3} ~ 10^{-7},吸取 0.1 mL 不同稀释梯度菌液在固体选择性培养基涂布,将平板放在甲烷气体与空气比为 1∶1 的密闭容器中,室温培养 10 d。

4.2.4.2 菌体的形态观察

用灭菌的菌环挑取一环纯培养的菌液,将其涂抹在洁净的载玻片上干燥、固定,以番红为染色剂对固定好的细菌进行简单染色,然后在光学显微镜下镜检。

4.2.4.3 菌体革兰氏染色观察

用灭菌的菌环挑取一环纯培养的菌液,将其涂抹在洁净的载玻片上干燥、固定,滴加结晶紫,染色 1~2 min,水洗。然后用碘液冲去残水,并用碘液覆盖约 1 min,水洗。用滤纸吸去载玻片上的残水,将载玻片倾斜,在白色背景下,用滴管滴加 95% 的乙醇脱色,直至流出的乙醇无紫色时,立即水洗。再用番红复染 2 min,水洗。用油镜镜检。

4.2.4.4 菌体的芽孢染色观察

用灭菌的菌环挑取一环纯培养的菌液,将其涂在洁净的载玻片上干燥、固定,加数滴孔雀绿染液,用镊子夹住载玻片的一端,在微火上加热至染料冒热气,维持 5 min,待载玻片冷却后,用自来水冲洗,直至流出的水无色为止。用番红复染 2 min,水洗至无色。用油镜镜检。

4.2.4.5 甲烷氧化细菌的荚膜染色

加一滴 6% 葡萄糖液于洁净的载玻片上的一端,然后挑取少量菌体与其混合,再加一环墨水充分混匀。另取一端边缘光滑的载玻片做推片,以大约 30° 迅速地推向载玻片另一端,使混合液铺成薄膜。用甲醇固定 1 min,干燥,用番红复染 1～2 min,水洗,干燥。分别用低倍镜、高倍镜检。

4.2.5 菌体大小的测定

将目镜测微尺装到目镜镜筒内并用镜台测微尺分别在低倍、高倍、油镜下进行校正,经计算可得在油镜下目镜测微尺每格所代表的长度。

目镜测微尺每格长度(pm)= 两重合线间镜台测微尺格数 ×10/ 两重合线间目镜测微尺 =1×10/10=1。目镜测微尺校正完毕后,取下镜台测微尺,换上细菌染色制片。先用低倍镜和高倍镜找到菌体后,换油镜测定甲烷菌的大小和大肠杆菌的宽度和长度。测定时,通过转动目镜测微尺和移动载玻片,测出细菌直径或宽和长所占目镜测微尺的格数。最后将测得的格数乘以目镜测微尺(用油镜时)每格所代表的长度,即为该菌的实际大小。

4.2.6 细胞收集

4.2.6.1 PVA-硼酸交联法固定甲烷氧化细菌

称取 1.0 g 聚乙烯醇(PVA)和 0.1 g 海藻酸钠,混合均匀。加入 10 mL 水在 80 ℃和搅拌条件下使其完全溶解。将 40 mg 湿甲烷氧化细菌加入上述混合液中,混合均匀。把上述混合溶液用滴管滴加入含 2% 的氯化钙(CaCl$_2$)的硼酸溶液(硼酸质量浓度 4%,pH=6.7)中形成球形小珠,小球在 4 ℃固定化交联 24 h,取出,用去离子水洗 2～3 次,以备后续待用。图 4-1 为固定化小球的照片,平均直径大约为 3.0 mm。

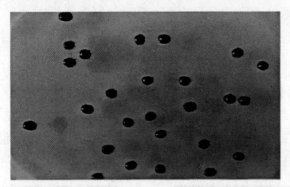

图 4-1 甲烷氧化细菌的固定化小球

4.2.6.2 甲烷微生物传感系统的组装和甲烷的测定

图 4-2 为微生物传感系统的示意图,它由固定化微生物反应器、Clark 氧电极和记录仪组成。Clark 氧电极插进含有 10.0 mL 的 50.0 mM 磷酸盐缓冲溶液(pH 7.0)的检测室中,用流量计将各种浓度的甲烷(1～5 % V/V)通入上述检测室中,流量用控制阀控制在 200 mL/min,当检测室中氧浓度稳定时,开始加入固定化小球,此时检测室中氧的消耗通过计算机实时记录。当测试完成后,取出固定化小球放置于磷酸盐缓冲溶液中以备后用。

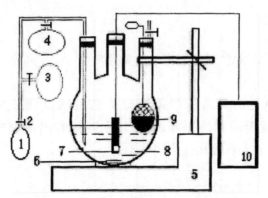

图 4-2 甲烷生物传感系统示意图

4.3 结果讨论

4.3.1 甲烷氧化细菌的菌落特征

两菌株在固体选择性培养基上,空气:甲烷(1:1)室温培养 10 d。菌落照片:图 4-3(a)为 ME17、图 4-3(b)为 ME16。

图 4-3 甲烷氧化细菌的菌落特征

4.3.2 甲烷氧化菌的个体细胞特征

4.3.2.1 甲烷氧化菌的个体细胞染色观察

用简单染色法对两株细菌进行染色,然后观察。ME16 为球状菌,ME17 为近似球状的短杆菌,可以明显地看出来 ME17 菌体大于 ME16,且 ME16 着色较浅。见图 4-4。

图 4-4 甲烷氧化菌的个体细胞特征

4.3.2.2 甲烷氧化细菌革兰氏染色观察

按照革兰氏染色方法对分离出的两株甲烷氧化菌（ME16，ME17）经过革兰氏染色，并用金黄色葡萄球菌和大肠杆菌作为对照。在油镜下镜检，革兰氏阳性菌为红色，阴性菌为蓝紫色，观察到两株细菌菌体和金黄色葡萄球菌均被染为蓝紫色，所以鉴定这两株细菌为革兰氏阴性菌，大肠杆菌为红色，见图 4-5。

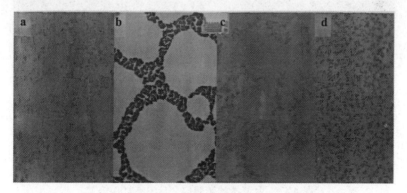

图 4-5 两菌株的革兰氏染色（10×100 倍）

a 为大肠杆菌、b 为金黄色葡萄球菌、c 为 JW01 菌株、d 为 JW02

4.3.2.3 甲烷氧化细菌的芽孢染色观察

用芽孢染色法对两株甲烷氧化细菌进行芽孢染色。有芽孢的细菌芽孢为绿色芽孢囊及营养体为红色,而观察到这两株细菌通体被染成红色,所以鉴定这两株细菌没有芽孢,见图4-6。

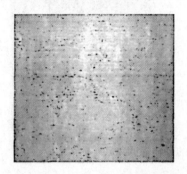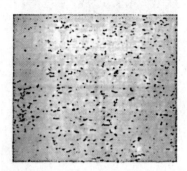

图4-6 甲烷氧化细菌的芽孢染色观察

4.3.2.4 甲烷氧化细菌的荚膜染色观察

按照荚膜染色方法对这两株细菌进行荚膜染色。胶质芽孢杆菌经荚膜染色后,可以看出红色菌体周围有较大较清晰的荚膜透明圈。经染色观察,两菌株经染色后无荚膜,如图4-7所示。

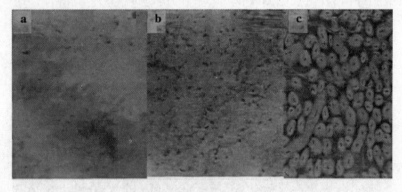

图4-7 两菌株的荚膜染色(10×100倍)

a为ME16菌株、b为ME17菌株、c为胶质芽孢

4.3.3 对甲烷利用情况的测试

通过8 d,30℃、80 r/min摇床培养后发现在甲烷:空气(1:1)的密闭培养瓶中有大量的菌体生长,而在全部为空气、全部为甲烷的密闭

第4章 甲烷微生物传感系统的构建及分析应用

培养瓶中不能生长,由此初步确认得到的两种分离物能够以甲烷作为碳源且为好氧菌。

4.3.4 甲烷微生物传感系统的响应行为

Clark 氧电极作为氧换能器用来测量甲烷氧化细菌氧化甲烷过程中溶解氧的消耗量,当缓冲溶液中通入甲烷达到氧浓度平衡后,加入细菌小球,此时甲烷被微生物同化,同时溶解氧浓度降低。图 4-8 表示甲烷生物传感系统对一系列甲烷浓度变化的响应曲线。结果表明,溶解氧浓度消耗值与溶液中甲烷的浓度成比例。线性关系曲线如插图 4-8 所示。所有的数据点都测量三次。

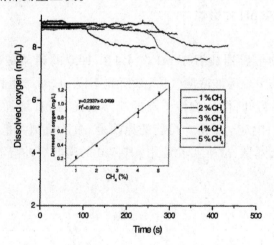

图 4-8 甲烷微生物传感系统的响应行为

(Dissolved oxygen:溶解氧;Time:时间;Decreased in Oxygen:溶解氧浓度下降值)

4.3.5 NaCl 的影响

由于渗透压对细菌细胞生理代谢活力有重要影响,故实验选择 NaCl 进行影响测定实验。在 0.05 mol/L 磷酸盐缓冲溶液(pH 7.0)中加入不同浓度的 NaCl。结果表明,随着 NaCl 浓度的增加,传感器响应值明显下降,当 NaCl 浓度在 0% ~ 0.6% 范围内传感器响应值几乎没有明显变化,从而不需对测定结果进行盐效应修正。

4.3.6 甲烷氧化细菌的数量的影响

由于固定化甲烷氧化细菌的数量会强烈影响生物传感器的响应,任何细菌浓度的改变都会影响传感器的灵敏度。通过各种数量(20 ~ 60 mg)的甲烷氧化细菌来制作不同类型的固定化细菌小球。研究表明,生物传感器的灵敏度会随着固定化甲烷氧化细菌的数量的增加而增加,然而当酶的数量达到 40 mg 时,生物传感器的灵敏度就不会再增加。因此,本实验选用乙醇氧化酶的数量为 40 mg。

4.3.7 缓冲溶液 pH 的影响

把微生物传感器放置于 pH 在 4.0 ~ 10.0 的磷酸缓冲溶液中,分别加入等量的甲烷标准浓度气体,来研究不同 pH 对微生物传感器的影响。由图 4-9 可知,微生物传感器的响应会随着 pH 增加而增大,但在 pH 超过 7.0 时响应会下降。可能的原因是 pH 太高或太低时,甲烷氧化细菌的活性会降低,故本实验选用 pH=7.0 的磷酸缓冲溶液用于以后的实验。

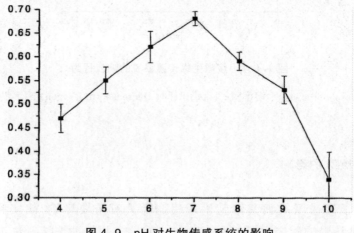

图 4-9 pH 对生物传感系统的影响

4.3.8 温度的影响

温度对甲烷氧化细菌的活性有较大的影响。在 15 ~ 40 ℃范围内,考察了微生物传感器的响应特性,分别将等量的甲烷标准浓度的气体加入到相同的磷酸盐缓冲溶液中,记录溶解氧浓度下降曲线。根据记录发现,随着溶液温度的增加,微生物活性增强,当温度升至 30 ℃时微生物传感器的响应值最大。可能原因是甲烷氧化细菌在较高的温度下,能够获得较高的反应活性,从而加快了细菌促化反应过程中氧的消耗速率,从而得到一个较大的氧浓度改变信号。尽管升高温度有利于加快反应的速度,但在高温时细菌容易失活。综合实际因素,为了延长传感器寿命,通常选取室温(20 ~ 25 ℃)用作实验温度。

4.3.9 甲烷生物传感器的分析性能

在 pH=7.0 的磷酸盐缓冲溶液中测定甲烷,记录从加样到溶解氧浓度基本平衡时的值,平均响应时间为 100 s。

在上述实验条件下,乙醇浓度在 1% ~ 5%(V/V)间呈良好的线性关系(r^2=0.991 2)。以信噪比的三倍计算传感器的检出限为 0.3% V/V。对 3% V/V 的甲烷气体重复测定 8 次,RSD 为 3.10%。同样的方法制作四种不同的细菌固定化小球构建不同的传感器,结果表明生物传感器的相对标准偏差为 3.0%。为了检测生物传感器的操作稳定性,在最优化的工作条件(20 ~ 25 ℃,pH 7.0,25 mM 磷酸盐缓冲溶液)下,用新制作的生物传感器对 3% V/V 的甲烷气体进行测试。在 9 h 内进行 36 次测量。结果表明生物传感器测定结束后仍然能够保持原来的活性。

生物传感器的储藏稳定性也是非常重要的,为了校准乙醇生物传感器的储藏稳定性,在 1 个月的储藏期中,定期每 3 d 测定一次生物传感器对甲烷的响应,每次测定结束后,把固定有细菌的小球保存在 4 ℃,pH 7.4 和 25 mM 磷酸盐缓冲溶液中。结果表明,在 1 个月后,响应值降为初始值的 50.0%,说明传感器的稳定性良好。极好的寿命取决于聚乙烯醇的生物相容性和整细胞的固定化。简言之,我们的生物传感器用于甲烷的检测是简单的、快速的和廉价的。

4.4 实验结论

甲烷的性质非常稳定,在常温下很难氧化,然而甲烷氧化细菌在氧存在的情况下能在常温下氧化甲烷。气体中甲烷含量在5%~16%,具有爆炸性。从湖水和稻田泥土中分离到白色菌落和黄色菌落。两菌落能利用甲烷作为唯一碳源和能源进行生长代谢的菌株,两株菌革兰氏染色均为阴性,白菌落菌株为杆状,大小为0.9~1.0 nm、2.0~2.1 nm;黄菌落菌株近似为球状,无荚膜和芽孢,其形态、生理特征和文献报道的甲基单胞菌属的细菌相同。

我们所研制的甲烷微生物传感器由固定化甲烷氧化细菌和氧电极构成。微生物传感器对甲烷的响应时间为100 s,对甲烷的线性范围为1%~5%,最小检测浓度为0.3%(V/V)甲烷,相对标准偏差是3.1%。实验考察了酸度、温度、渗透压等对传感器的影响。通过优化实验条件,初步建立了灵敏度高、选择性和重现性好的甲烷微生物传感器,为矿坑瓦斯气体的检测提供了技术平台。

参考文献

[1] MOSELY P T, TOFIELD B C. Microminiature combustible gas sensor and method of fabricating a microminiature combustible gas sensor[J]. Solid-State Gas Sensors. Adam Hilger Press, Bristol, 1987: 17-50.

[2] Krebs P, Grisel A .A low power integrated catalytic gas sensor[J].Sensors and Actuators B Chemical,1993,13（1-3）: 155-158.

[3] DEBEDA H, DULAU L, DONDON P, et al. Development of a reliable methane detector[J]. Sens. Actuators B,1997,44: 248-56.

[4] MOSELY P T, NORRIS JOW, WILLIAMS DE（EDS）. Oxygen Surface Species on Semiconducting Oxide. Techniques and Mechanisms in Gas Sensing[J].Adam Hilger, Bristol,1991: 234-59.

[5] KRIER A, SHERSTNEV V V. Powerful interface light emitting diodes for methane gas detection[J]. J Phys D: Appl Phys,2000,33: 101-106.

[6] WANG C H, COWDER J G, MANNHEIM V, et al. Detection of nitrogen dioxide using a room temperature mid-infrared InSb light emitting diode[J]. Electr Lett,1998,34: 300-301.

[7] CULSHAW B, STEWART G, DONG F, et al. Fibre optic techniques for remote spectroscopic methane detection-from concept to system realization[J]. Sens Actuators 5,1998,51: 25-37.

[8] STEWART G, TANDY C, MOODIE D, et al. Design of a fibre optic multi-point sensor for gas detection[J]. Sens Actuators B,1998, 5t: 227-232.

[9] WHITENETT G, STEWART Q, ATHERTON K, et al. Optical fibre instrumentation for environmental monitoring applications [J]. J Opt A: Pure Appl Op,2003,140-145.

[10] OKADA T, KARUBE I, SUZUKIS.Microbial Sensor System Which Uses Methylomonas sp. For the Determination of Methane[J]. European J Appl Microbiol Biotechnol,1981,12: 102-106.

[11] NGUYEN H T, ELLIOT S J. The particulate methane monooxygenase from Methylococcuscapsulatus（Bath）is a novel copper containing three-subunit enzyme [J]J.BioLChem,1998,273: 7957-7966.

[12] CONRAD R. Soil microorganisms oxidizing atmospheric trace gases（CH_4, CO, H_2, NO）[J]. Indian. Microbiol,1999,39: 193-203.

[13] HANSON R S.HANSONTE. Methanotrophic bsictQnB[J]. Microbiol Revy,1996,60: 439-471.

[14] MANDERNACK K W, KINNEY K M. The biogeochemical controls of N_2O production and emission in landfill cover soils: the role of methanotrophic the nitrogen cyc\Q[T]. Environ.Microbioh 2000,2; 298-309.

[15] DISPERITO A A, GULLEDGE J. Trichloroethylene oxidation by the membrane associated methane monooxygenase in type I typell, and type X methanotrophic[J]. Biodegradation,1992,2: 151-164.

[16] OKADA T, SUZUKI S.A methane gas sensor based on oxidizing bacteria[J]. Anal. Chim. Acta,1982,135: 61-67.

[17] DAMGAARD L R, REVSBECH N P. A microscale biosensor for methane containing methanotrophic bacteria and an internal oxygen reservoi[J]r. Anal Chem,1997,09: 2262-2269.

[18] DAMGAARD L R, REVSBECH N P, REICHARDT W. An oxygen insensitive microscale biosensor for methane used to measure methane concentration profiles in a hce pa.ddy[J], Appl Environ Microbiol,1998,64（3）: 864-870.

[19] TURNER APF, KARUBE I. WILSON（EDS.）GS. Biosensors: Fundamentals and Applications[M].Mir Publishers, Moscow,1992: 20-33.

[20] MULCHANDANI A, ROGERS（EDS.）KR. A. Principles of enzyme biosensors. In Enzyme and Micriobial Biosensors; Techniques and Protocols, Humana Press, Totowa, NJ,1998: 3-14.

[21] TRAN MC. BIOSENSORS, Chapman and Hall and Masson, Paris; 1993.

[22] JMIKKELSEN S R, CORTON E. Bioanalytical Chemistry, John Wiley and Sons, New Jersey,2004.

[23] D'SOUZA SF. Immobilization and stabilization of biomaterials for biosensor application[J]. Appl Biochem Biotechnol, 2001,96: 225-238.

[24] D'Souza S F .Microbial biosensors[J].Biosensors and Bioelectronics,2001,16（6）: 337-353.

[25] Arikawa Y, Ikebukuro K, Karube L .Microbial biosensors based on respiratory inhibition[J].Methods in Biotechnology,1998,6: 225-235.

[26] NAKANE K, YAMASHITA T, IWAKORA K, et al. Properties and structure of poly (vinyl alcohol)/silica composites[J]. J Appl Polym Sci 1999,74: 133-138.

[27] DAI Y J, LIN L, LIP W, et al. Comparison of BOD optical fiber biosensors based on different microorganisms immobilized in ormosils matrix[J]. Int / Environ Anal Chem,2004,15: 607-617.

[28] BRUNO L M, COELHO JS, MELO F H M, et al. Characterization of Mucor miehei lipase immobilized on polysiloxane-poly (vinyl alcohol) magnetic particles[J]. World J Microbiol BiotechnoU, 2005,21: 189-192.

[29] DALLA VECCHIAA R, SEBRAO D, NASCIMENTOB MG, et al. Carboxymethyl cellulose and poly (vinylalcohol) used as a film support for lipases immobilization[J]. Process Biochem,2005,40: 2677-2682.

[30] HASHIMOTO S, FURAKAWA K. Immobilization of activated sludge by PVA-boric acid method[J]. Biotechnol Bioeng,1987,30: 52-59.

[31] JIA J, TANG M, CHEN X, et al. Co-immobilized microbial biosensor for BOD estimation based on sol-gel derived composite material[J]. Biosensors and Bioelectronicsy,2003,18: 1023- 1029

[32] HIKUMA M, SUZUKI H, YASUDA T, et al. Amperometric estimation of BOD by using living immobilized yeast[J]. Eur J Appl Microbiol Biotechnol,1979,8: 289-297.

[33] TAN TC, LI F, NEOH KG. Measurement of BOD by initial rate of response of a microbial sensor[J]. Sensors Actuat B,1993,10: 137-142.

[34] STIRLING D, DALTON H. Properties of the methane mono-oxygenase from extracts of Methylosinus trichosporium OB3b and evidence for its similarity to the enzyme from Methylococcus capsulatus (B3 , th)[J].Eur J Biochem,1979,96: 205-212.

[35] BURROWS K J, CORNISH D S, HIGGINS I J. Substrate specificities of the soluble and particulate methane monooxygenases of Methylosinus trichosporium OB3b[J]. J Gen Microb, 1984, 130: 3327-3333.

第 5 章 生物传感器固定化机理探讨

5.1 酶的组成和结构特点

酶是一类生物催化剂,能够催化生物体内形形色色的化学反应,同一般催化剂相比,酶有以下几个特点:(1)催化效率高;(2)专一性强;(3)反应条件温和;(4)活性可调节控制,但其作为工业催化剂仍存在许多缺陷。因为酶是由蛋白质组成,一般都有一个活性中心,在催化反应时,起作用的部分就是活性中心。活性中心是酶分子在三维结构中相近的氨基酸残基或这些残基的某些基团,通过肽链的盘绕折叠而在空间构象上相互靠近,构象的维持主要依赖蛋白质的二级、三级结构。酶除活性中心之外,还具有一个结构残基,这些残基对维持酶蛋白分子的完整并形成有规则的空间构象起着重要作用。

5.2 酶的失活机理

酶蛋白所具有的特异活性构象是分子中许多基团相互作用的结果,当环境改变或一些基团的相互作用被减弱(或完全消失)时,就会引起一大部分结构的很快崩溃,从一种有秩序的构象过渡到一种杂乱构象,这一现象就称为酶变性。酶的空间结构一旦遭到破坏,活性中心的构象也就随之发生改变,酶因之失活。因此,酶失活的实质是酶蛋白分子空间结构的改变或破坏。引起酶失活的因素主要包括:

蛋白水解酶:水解肽链。

pH 改变:催化必需基团电离;强酸强碱条件下出现肽键水解、脱氨基作用、外消旋化、氨基酸变化等。

氧化作用:各种氧化剂可氧化芳香族氨基酸的侧链、蛋氨酸;半胱氨酸和胱氨酸残基;变性剂、去污剂、重金属离子、巯基试剂作用。

热:高温导致 H 键或疏水键破坏。

5.3 酶的稳定化

酶的化学本质是在氨基酸顺序排列成一级结构的基础上,通过 H 键、盐键、疏水作用和静电作用等次级键再折叠成对活力发挥关键作用的二、三级结构(构象)的存在。因此,通过改变酶的内在氨基酸结构和外界化学微环境可影响其构象而提高酶的稳定性。获得高稳定性酶可通过以下途径。

5.3.1 固定化

固定化就是将酶固定在不溶性载体上。具体方法是将酶在琼脂凝胶等固相材料上适当固相化;或用纤维素衍生物等固相载体处理酶分子,或用明胶、海藻酸钠等将酶微囊化包埋,从而稳定酶构象,消除逆性因子的变形作用。Bemfeld 和 Van 在 1963 年首先用交联聚丙烯酰胺固定胰蛋白酶、木瓜蛋白酶、P-淀粉酶等。纤维包埋是将酶包埋在合成的纤维微孔穴中,是一种理想的包埋方法。

微囊化是将酶包埋在直径 1～100 nm 的球型半透聚合物膜内,只要底物和产物分子的大小能通过半透膜,底物和产物分子就能自由扩散,达到保护膜内酶的目的。

酶经固定化后,稳定性提高,热稳定性中最适温度、米氏常数升高,对 pH、变性剂、抑制剂及长期保存的稳定性升高。例如,固定化的胰蛋白酶,其稳定性比游离酶高 1 000 倍,而固定化的脂肪酶与可溶性酶相比,稳定性提高 140 倍。

5.3.2 化学修饰

采用修饰剂修饰酶的关键功能基团,增加酶蛋白的 H 键、盐键和内部的疏水作用,使蛋白质表面亲水化。具体方法可采用甲基乙酰胺盐等单功能试剂与酶的某些表面基团进行反应,或用乙基咪唑等化学修饰剂使酶的某些氨基酸残基乙基化、乙酰化;或用戊二醛等双功能试剂使酶分子产生交联来提高酶的稳定性。例如,用苯四酸酐酰化 α-胰凝乳蛋白酶通过亲水化则可达到稳定化。修饰酶分子的任一氨基可引入 3 个新的羧基,在酶热失活的微碱性条件下,羧基电离,使酶表面高度亲水化而达到稳定化。据测定在 60 ℃时,酶的稳定化效应可提高 1 000 倍左右。用苯四酸酐修饰的 α-胰凝乳蛋白酶的稳定性,实际上等于极端嗜热菌蛋白酶的稳定性,这是目前已知的最稳定的蛋白水解酶。

化学修饰剂通过共价键连接到酶的表面,形成一个覆盖层,可能得到比天然蛋白质更稳定的构象。这种稳定化酶的方法不仅可提高酶的稳定性,还可赋予酶新性能。

5.3.3 添加激活剂

某些金属离子、阳离子、多糖、多戊醇和表面活性剂等在化学环境中可影响酶的 H 键、盐键、静电作用、疏水作用,针对不同的酶可用不同的化合物来稳定酶的构象。例如,甘油、糖和聚乙二醇等多羟基化合物,能形成很多氢键,并有助于形成"溶剂层",这种溶剂层可增加表面张力和溶液黏度,降低蛋白水解而稳定酶的作用。

5.4 酶固定化类型

酶的固定化方法大致可分为四种：吸附法（adsorption）、共价键固定法（covalent bonding）、交联法（cross-linking）和包埋法（entrapment），如图5-1所示。

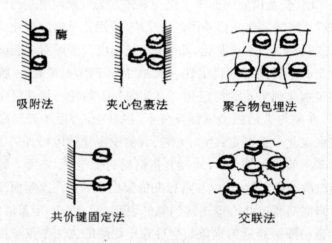

图5-1 酶的固定化方法

5.4.1 吸附法

吸附法又分为物理吸附和离子吸附。物理吸附是采用不溶性载体如活性炭、多孔玻璃、氧化铝、硅胶等将酶蛋白吸附而固定化的一种方法。离子吸附是将酶与含离子交换基的不溶性载体结合在一起，吸附较牢固，应用较多。

吸附法的特点是方法简便、操作条件温和，不足之处是酶分子与固体表面结合力弱。由于转换器表面取向的不规则分布，因此使制得的生物传感器易发生分子的泄漏或解脱，灵敏度低，重现性差。因此，只能适用于活力很高的酶,如淀粉酶、胃蛋白酶、溶菌酶等。

5.4.2 共价键固定法

共价键固定法是将不溶性载体与酶蛋白以共价键形式结合,从而使酶固定化的方法。根据共价键不同又分为重氮法、肽键法和烷化法。共价键固定法由于酶分子与载体之间以共价键形式结合,因而不易发生分子的泄漏,并且改善了分子在表面的定向、均匀分布状况。但酶分子易失活、操作复杂、耗时、成本高。

5.4.3 交联法

交联法是通过双功能团或多功能团试剂与酶的 a、E- 氨基、苯酚基、硫基等基团发生交联而将酶固定化的方法。目前常采用的交联剂有戊二醛、双偶氮苯、N- 羧基氨基酸、六甲基异氰酸盐和己二酰亚胺酸二甲酯等,其中以戊二醛应用最广。该法的缺点主要是反应难以控制,形成的酶/蛋白质层蓬松、坚固性差,所需生物样品量多。

5.4.4 包埋法

此法酶蛋白分子不发生结合或偶联,而是被包埋在凝胶的微小格子中或在半透明性的聚合物膜中,此法制成的固相酶有微小格子型和微胶囊型两种。包埋法与共价键固定法、交联法有很大不同。酶分子本身在固定化过程中不参加反应,所以对许多酶都可以固定化。其缺点是酶活力不够高,且对作用于大分子底物的酶不适用,因为大分子底物不能进入凝胶小格或透入半透膜。

近年来,基于静电吸附的多层膜固定技术(layer-by-layer adsorption technique,LBL)已逐渐用于各种生物传感器的制备。以聚电解质阴、阳离子的静电吸附作用以及与生物分子通过多层交替自组装,所制作的各种生物敏化膜,比传统的共价交联与包埋等固定化方法所构成的生物膜具有保持生物分子活性好、性能稳定和制作简便等优点。如阳明辉等以玻碳电极为基底,电聚合 2,6- 吡啶二甲酸(PDC),使形成一带负电的界面,再通过静电吸附自组装一层聚阳离子聚丙烯胺(PAH),用于静电吸附固定辣根过氧化物酶并以此方法固定多层酶膜制备了过氧化氢传感器。

5.5 酶固定化载体

酶固定化对载体材料具有很高的要求,如要有良好的机械强度,良好的热稳定性和化学稳定性,良好的抗微生物特性及酶的结合能力等。载体材料的价格还直接影响固定化酶能否真正用到实际生产中。由于难以找到理想的载体材料,再加上酶在固定化过程中不可避免地损失部分活力,甚至当固定方法不得当时会损失绝大部分活力等原因,到目前为止也只有十几种固定化酶应用于生产中。

天然的有机膜材料鸡蛋膜大约厚 $70~\mu m$,分内外两层,为角质蛋白纤维交织成的网状结构。鸡蛋膜中含有蛋白质 90% 左右,脂质体 3% 左右,糖类 2% 左右。蛋膜的特定组成和结构决定了它的特殊性能:能选择性地通过乙酸、水等小分子物质,不能透过葡萄糖等大分子物质。所以,鸡蛋膜具有良好的透水透气性及较好的机械性能,另外,其价格低廉、与酶生物相容性好、无毒,可作为酶固定化的优良载体。

壳聚糖(chitosan)是甲壳素脱乙酰基后的产物,是天然高分子生物材料,具有良好的生物相容性和生物可降解性、无毒、成膜能力强、高渗透性、附着力和抗菌性能。其分子中含有—OH 基、—NH_2 基、吡喃环、氧桥等动能基,因此在一定条件可以发生生物降解、水解、烷基化、酰基化、缩合等化学反应,具有来源广泛、取材方便、实用性强等优点。因此,在固定生物组分的应用方面具有巨大的吸引力和发展潜力。

聚乙烯醇(PVA)是一种新型的固定细胞的天然高分子载体,在固定细胞方面具有独特的优势,在固定化的同时能最大限度地保持其生物活性。此外,PVA 具有固定化温度低、强度高、传质性能好、化学稳定性好、无毒、生物相容性好、包埋效率高且价格低廉等优点,可以固定生物分子构造生物传感器。但也具有与硬化剂反应速度慢、不易成球等缺点,而其与海藻酸进行共固定化可较好地弥补这些缺陷。

5.5.1 半乳糖氧化酶交联固定于鸡蛋膜上的固定化机理探讨

结合酶的固定化理论与前几章的研究工作,探讨用戊二醛为交联剂,将酶在鸡蛋壳膜上进行固定化的机理如下:

鸡蛋膜是一种天然的细胞膜,不仅具有较高的机械强度,而且对氧气具有良好的通透性。存在于鸡蛋膜上的蛋白质大分子含有一定数量的氨基($-NH_2$),能与酶蛋白中的氨基通过戊二醛形成"双 Schiffs 碱"而发生交联,从而使酶分子牢固而均匀地固定于鸡蛋膜上。

若酶量较少时,可加入惰性蛋白质,如牛血清白蛋白,以代替部分活性物质。惰性蛋白浓度一般不宜过大,否则,会使反应底物扩散阻力增大,使响应变慢。戊二醛的浓度不宜过高,防止酶活性基团失活。

5.5.2 乙醇氧化酶交联固定于鸡蛋膜上的固定化机理探讨

甲壳素是一种天然氨基多糖,是虾、蟹和昆虫的外壳的主要成分,储量极为丰富,碱性条件下水解,脱去分子中部分乙酰基,就变为溶解性较好的壳聚糖,壳聚糖分子中存在氨基,既易于与酶和蛋白质共价结合,又易于接枝改性,可生物降解。在磷酸盐缓冲溶液中存在 Na^+、K^+、Mg^{2+} 的条件下均稳定,对热也稳定,机械性能较好,可得高密度、高活性固定化细胞,实为理想的载体材料。

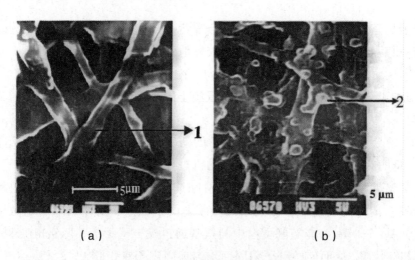

图 5-2 鸡蛋膜的扫描电镜图

(a)空白鸡蛋膜;(b)固定有酶的鸡蛋膜

壳聚糖用来固定不同的酶并获得较高的固定化效率已有报道。固定化是通过壳聚糖的阳离子与酶阴离子之间的静电作用完成。壳聚糖聚合链上的氨基被质子化而带正电荷,而本实验中的乙醇氧化酶的等当点在 pH 4~5,当 pH 值大于 5 时,乙醇氧化酶带负电荷。因此,本实验条件下,乙醇氧化酶与壳聚糖可能形成某种稳定的离子对而实现固定化。图 5-2 为鸡蛋膜的扫描电镜图,图 5-2(a)是空白的鸡蛋膜,图 5-2(b)是固定有酶的鸡蛋膜。从图可知,乙醇氧化酶被成功地固定于鸡蛋膜上。聚乙烯醇固定甲烷氧化细菌的机理探讨常用的微生物固定方法有交联法、吸附法和包埋法。交联法的突出优点是可以获得很高的细胞密度,但由于缺乏良好的机械强度而不能得到广泛的应用。吸附法的固定操作简单,条件温和,而且载体可以再生;但是细胞与载体之间的结合力较弱,因此操作的稳定性不好。包埋法有较好的综合性能,催化活性保留和存活力都比较高,且包埋在反应工程(包括反应器的设计、操作稳定性等)中应用灵活,因此,包埋法成为整个固定化生物催化剂技术中应用最广泛的固定化方法。在包埋法中微生物不发生结合或偶联,在固定化过程中不参加反应,而是被包埋在凝胶的微小格子中或在半透性的聚合物膜中。凝胶聚合物的网络可以阻止细胞的泄漏,同时能让基质渗入和产物扩散出来。

天然高分子凝胶一般对生物无毒,传质性能良好,但强度低,厌氧条件下易分解。PVA 凝胶是日本学者开发的一种新型包埋剂,它具有强度高、化学稳定性好、抗微生物分解性强、对细胞无毒且价格低廉等一系列优点,因而具有很大的利用价值,主要有 PVA 硼酸法和 PVA 冷冻两种制备方法。但 PVA 包埋法还存在某些不足,主要是 PVA 载体的固定化小球存在易黏连,传质阻力大,产气上浮及固定化的细胞活性丧失较大等缺点。

刘智敏等将聚乙烯醇固定枯草杆菌用于生产 α-淀粉酶,发现使用 10% 的硼酸,包埋菌量为 4%~8% 时聚乙烯醇凝胶的机械强度大,产酶能力高。

由于聚乙烯醇凝胶颗粒具有非常强的附聚倾向,在制备珠体时比较困难,有些学者成功地运用了以聚乙烯醇为载体主要成分,适量添加少量海藻酸钠和活性炭等物质,其优点是可克服两颗粒之间的黏连现象,有助于颗粒成型,改善通透性,增加固定化颗粒的孔隙,达到吸附和包埋的双重效果。

本实验采用 PVA—H_3BO_3 包埋法固定甲烷氧化细菌,用 PVA 并加入有效的添加剂的方法来克服 PVA 包埋的缺点。

(1) 原理

聚乙烯醇是一种新型的微生物包埋固定化载体,它具有机械强度高、化学稳定性好、抗微生物分解性能强、对微生物无毒、价格低廉等一系列优点,是一种具有实用潜力的包埋材料,近年来在国内外获得了较广泛的研究。

聚乙烯醇(polyvinyl alcohol,简称 PVA)的结构为

$$-(CH_2-\underset{\underset{OH}{|}}{CH}-CH_2-\underset{\underset{OH}{|}}{CH})_n-$$

聚乙烯醇在加热后溶于水,在其水溶液中加入添加剂后发生凝胶化,或在低温下冷冻形成凝胶,从而将微生物包埋固定在凝胶网络中。常用的添加剂有硼酸和硼砂,在 PVA 水溶液中加入硼酸或硼砂,由于化学反应而形成凝胶。PVA 与硼酸反应形成的凝胶为单二醇(monodid)型,与硼砂反应形成的凝胶为双二醇(didiol)型,其结构式如图 5-3 所示。

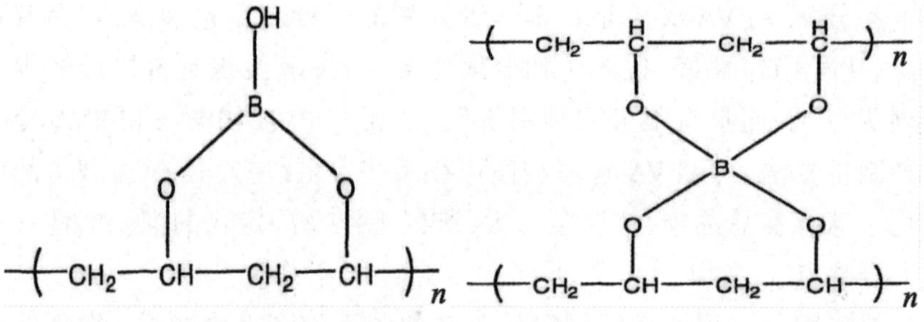

单二醇型　　　　　　　　　　双二醇型

图 5-3　PVA 由硼酸和硼砂形成的凝胶结构

PVA 与硼砂反应形成凝胶时,成形困难,凝胶呈海绵状结构,强度较低。但硼砂的用量较硼酸用量低得多,所以值得进一步研究。就目前的研究来看,大多采用 H_3BO_3 做交联剂。

PVA—H_3BO_3 包埋法是一种制备容易且价格低廉的固定化方法,其反应原理如图 5-4 所示。利用该法制得的凝胶颗粒机械强度高,使用寿命长且弹性好。

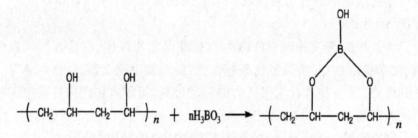

图 5-4　PVA-H_3BO_3 包埋法的反应原理

（2）固定化方法

以 PVA 为固定化载体,建立了利用 PVA-H_3BO_3 包埋固定化微生物细胞的方法,具体方法如下。

方法 I

①将聚乙烯醇（PVA）加热溶于水。

②将甲烷氧化细菌与 PVA 溶液混合均匀,使 PVA 最终浓度为 10%。

③将上述混合液滴入饱和硼酸溶液中,放置 24 h,使其充分反应。

④滤出固定化颗粒,用生理盐水洗净,备用。

方法Ⅱ

①将 PVA 加热溶于水，冷却。

②将甲烷氧化细菌与 PVA 溶液混合均匀，使 PVA 最终浓度为 10%。

③将 PVA 与微生物细胞的混合液倒入已灭菌的培养皿中，缓慢加入饱和硼酸溶液，浸泡 24 h。

④将凝胶切成 3 mm×3 mm×3 mm 的小方块，用生理盐水洗净，备用。

方法Ⅲ

①将 PVA 与海藻酸钠加热溶于水，冷却。

②将微生物细胞与上述溶液混合均匀，使 PVA 在海藻酸钠的最终浓度分别为 10%。

③将上述混合液用针形管滴入下列溶液中：含 $CaCl_2$ 2.0% 的 H_3BO_3 饱和溶液，pH 6～7 放置 24 h，使之充分反应；滤出颗粒，用生理盐水洗净，备用。

利用上述固定化方法，包埋固定化甲烷氧化细菌，比较了固定化细胞的活性，结果表明，采用方法Ⅰ，即改进的细胞，其活性明显提高，这是由于在方法Ⅲ的固定化过程中，引入了少量的海藻酸钠。海藻酸钠作为一种多糖类天然高分子化合物，对微生物细胞起一定的保护作用，减轻了硼酸对微生物细胞的毒性作用，因此，提高了固定化细胞的相对活性。

参考文献

[1] CHAUBEY A, MALHOTRA B D, CHAUBEY A, et al. Mediated biosensors[J]. Biosens. Bioelectron, 2002, 17: 441-456.

[2] DECHER G. Fuzzy nanoassemblies: Toward layered polymeric multi-composites [J]. Science, 1991, 211: 1232-1237.

[3] LVOV Y, ARIGA K, ICHINOSE I, et al. Assembly of multi-

component protein films by means of electrostatic layer-by-layer adsorption [J]. J. Am. Chem. Soc. 1995, 117: 6117-6123.

[4] Li W, Wang Z, Sun C, et al.Fabrication of multilayer films containing horseradish peroxidase and polycation-bearing Os complex by means of electrostatic layer-by-layer adsorption and its application as a hydrogen peroxide sensor[J].Analytica Chimica Acta, 2000, 418 (2): 225-232.

[5] FORZANI E.S, OTERO M, PE'REZ M.A, et al. The structure of layer-by-layer self-assembled glucose oxidase and os (bpy)(2) cipych-nh-poly (allylamine) multilayers: Ellipsometric and quartz crystal microbalance studies[J]. Langmuir, 2002, 18: 4020-4029.

[6] LI Z, HU N. Assembly of Electroactive Layer-by-Layer Films of M-yoglobin and Ionomer Poly (ester sulfonic acid)[J]. J. Colloid Interface Sci, 2002, 254 (2): 257-265.

[7] Calvo E J, Etchenique R, Pietrasanta L, et al.Layer-by-layer self-assembly of glucose oxidase and Os (Bpy)2CIPyCH$_2$NH-poly (allylamine) bioelectrode[J].Analytical Chemistry, 2001, 73 (6): 1161-8.

[8] Baba A, Kaneko F, Advincula R C .Polyelectrolyte adsorption processes characterized in situ using the quartz crystal microbalance technique: alternate adsorption properties in ultrathin polymer films[J]. Colloids & Surfaces A Physicochemical & Engineering Aspects, 2000, 173 (1-3): 39-49.

[9] 阳明辉,李春香,杨云慧,等.基于静电吸附多层膜固定酶的过氧化氢生物传感器的研究 [J]. 化学学报, 2004, 62 (5): 6.

[10] 罗有福,佟健,盛绍基.鸡蛋膜的最新研究进展 [J]. 云南化工, 2002, 29 (1): 3.

[11] WEN G, ZHANG Y, SHUANG S, et al. Application of biosensor for monitoring of ethanol[J]. Biosensors and Bioelectronics, 2007, 23: 123-129.

[12] WEI X, ZHANG M, GORSKI W. Coupling the lactate oxidase to electrodes by ionotropic gelation of biopolymer[J]. Ana/. C/iem, 2003, 75: 2060-2064.

[13] PARX S.-I., ZHAO Y. Incorporation of a high concentration of mineral or vitamin into chitosan-based films [J].J. Agric. Food Chem,2004,52: 1933-1939.

[14] 孙冀平.壳聚糖及其应用 [J].中国食品添加剂,2005,5: 83-86.

[15] 陈耀华.人类第6生命要素 [J].锦州医学院学报,1999,20（5）: 48-53.

[16] NAKANE K, YAMASHITA T, IWAKORA K, et al. Properties and structure of poly (vinyl alcohol)/silica composites[J]. JAppl Polym Scij ,1999,74: 133-138.

[17] DAI Y J, LIN L, LI P W, et al. Comparison of BOD optical fiber biosensors based on different microorganisms immobilized in ormosils matrix [J]. Int J Environ Anal Chem,2004,15: 607-617.

[18] BRUNO L M, COELHO J S, MELO F H M, et al. Characterization of Mucor miehei lipase immobilized on polysiloxane-poly (vinyl alcohol) magnetic particles[J]. World J Microbiol BiotechnoU, 2005,1: 189-92

[19] SZCZESNA-ANTCZAK M, ANTCZA T, RZYSKA M, et al. Catalytic properties of membrane-bound Mucor lipase immobilized in a hydrophilic canier[J]. J Mol Catal Part B Enzyme ,2002,19-20: 261-268.

[20] DALLA-VECCHIAA R, SEBRAO D, NASCIMENTOB MG, et al. Carboxymethylcellulose and poly (vinylalcohol) used as a film support for lipases immobiiization[J]. Process Biochem,2005,40: 2677-2682

[21] Chen L, Gorski W .Bioinorganic composites for enzyme electrodes[J].Analytical Chemistry,2001,73（13）: 2862-2868.

[22] H Gülce, A Gülce, Kavanoz M, et al.A new amperometric enzyme electrode for alcohol determination[J].Biosensors & Bioelectronics,2002,17（6-7）: 517-521.

[23] 刘智敏.用聚乙烯醇为载体固定化枯草杆菌生产α-淀粉酶的研究 [J].生物医学工程学杂志,1997,14（4）: 359.

[24] 李淑彬,钟英长.固定化假单胞菌降解甲胺磷的研究 [J].应用与环境生物学报,1999,5（4）: 422-426.

[25] 陈敏,罗启芳. 聚乙烯醇包埋活性炭与微生物的固定化技术及对水胺硫磷降解的研究 [J]. 环境科学, 1993, 15（3）: 11-14.

第6章 新型甲烷吸附材料——穴番A的合成及光谱表征

6.1 引 言

  超分子化学是化学领域的一门交叉学科,与材料化学、信息化学、生命化学等学科相关,处于时代的前沿。超分子作用是一种具有分子识别能力的非共价键分子间相互作用,是空间效应下的范德华力、静电引力、亲键力、相互作用与疏水作用等。分子识别是类似"锁和钥匙"的分子间专一性结合,可以理解为底物与给定受体间选择性键合,是形成超分子结构和体系的基础。1993年以来,超分子化合物的发展为分子探针的研究应用开辟了巨大的领域。许多天然的和新合成的超分子化合物在溶液中能键合小的中性物质形成包结络合物,这种络合物可以通过主体和客体之间弱的非共价键作用来表征,客体键合到主体空穴中的过程可以用来模拟与客体键合更大的、更复杂的大分子。通过大量的实验和计算可以详细地研究主客体相互作用的结构与动态特征。

  目前,设计合成能够识别中性小分子的超分子主体化合物一直是这一领域的研究热点,尤其是对酯溶性的小分子,如:碳水化合物和卤代烃类等的识别是这一领域富有挑战性的课题。笼状分子穴番-A(见图6-1)由两个刚性的具有芳香碗状的环三藜芦烃亚单元构成,通过三个具有弹性的脂肪族 O-(CH)n-O 的链连接,形成具有类似球形的三维空腔结构,是一类超分子主体化合物。穴番-A 能键合与其空腔大小匹配的中性脂肪族烃和卤代烃等有机物质构成超分子体系。1988 年简化了合成步骤,通过二次三聚反应直接合成。1993 年在($CDCl_2$)$_2$溶液中利用 HNMR 方法发现了穴番 A 对甲烷有很好的包合作用(见图6-2)。基于穴番 A 的立体化学特性包括构型、手性和对映体选择性,它作为某些材料的成分如电荷转移盐类和朗缪尔膜是非常有潜力的。因此,合成笼状化合物穴番 A 在分子探针及气体传感器领域具有广阔的应用前景。

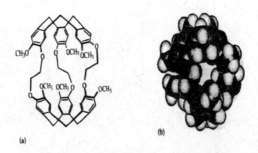

图 6-1　穴番 A 的结构示意图

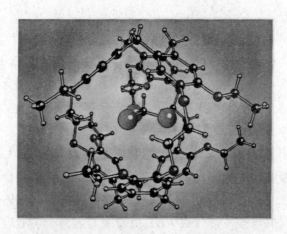

图 6-2　穴番 A 捕捉甲烷小分子的模拟图

本书在文献的基础上,对二次三聚反应作了改进,以价格低廉的香草醛(是香草醇价格的十分之一)为原料,三步合成笼状超分子化合物穴番 A,合成路线(见图 6-3)。穴番 A 的外壳是由多个苯环组成,具有好的发光性能,我们对它的荧光和紫外光谱进行了表征,为它在超分子识别和传感方面的进一步应用奠定了基础。

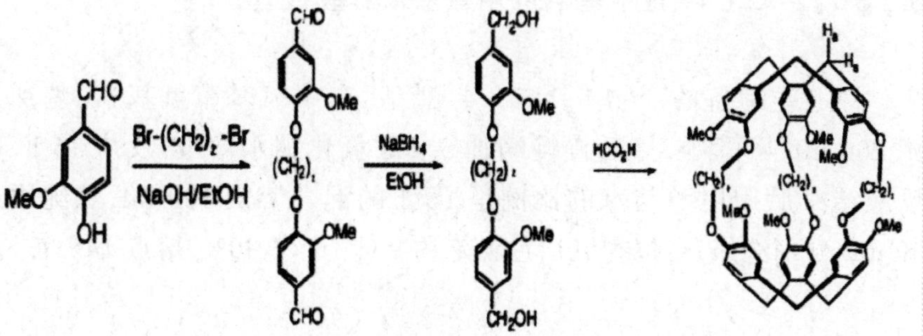

第6章 新型甲烷吸附材料——穴番A的合成及光谱表征

图 6-3 穴番A的合成路线

6.2 实验部分

6.2.1 试剂与仪器

试剂：二氯甲烷、丙酮、三氯甲烷、无水甲醇、甲酸、无水乙醇、乙醚、柱层层析硅胶、GF—254薄层层析硅胶、薄层层析硅胶、香草醛、1,2二氯乙烷、化学纯、硼氢化钠，均为市售分析纯和化学纯。

仪器：SHZ—D循环水式真空泵；RE—52A旋转蒸发仪；KQ—520超声波清洗器；瑞士Bruker-DRX300超导核磁共振仪；F-4500荧光光谱仪；TU-1901双光束紫外可见分光光度计。

6.2.2 1,2-二(4-醛基-2-甲氧基苯氧基)乙烷

称取30 g香草醛加入到三口烧瓶中，加入100 mL乙醇，用移液管移取9 mL二氯乙烷慢慢地加入三口烧瓶中，称取8 g氢氧化钠，用微量水慢慢将其溶解，然后滴加到上述溶液中。混合液回流反应20 h。当到室温时，用二氯甲烷溶解固体，然后用真空泵抽滤，得到大约10 g浅褐色的粉末。产率33.3%，熔点104℃。

6.2.3 1,2-二(4-羟甲基-2-甲氧基苯氧基)乙烷

将上述制备的产物1,2-二(4-醛基-2-甲氧基苯氧基)乙烷加入到200 mL甲醇中,然后慢慢滴加5 g硼氢化钠水溶液,反应15 h,待反应结束后用甲醇与水的比例是1:1的混合溶液100 mL和纯甲醇50 mL分别洗涤,可以得到白色粉末约9 g。产率90%,熔点145 ℃。

6.2.4 穴番A的合成

称取上述制备的1,2-二(4-羟甲基-2-甲氧基苯氧基)乙烷1 g,加入500 mL甲酸,在60 ℃条件下反应3 h,在真空条件下蒸发得到固体残渣,将其过200~300目硅胶柱(二氯甲烷:丙酮为洗脱剂),得到产物Cryptophane A 0.05 g。产率5%(大于300 ℃以上分解)。

6.3 结果与讨论

6.3.1 ^{1}H NMR 谱图解析

1,2-二(4-醛基-2-甲氧基苯氧基)乙烷的 ^{1}H NMR 谱归属S(ppm)(图6-4):9.93(s,2H,CHO),7.63(d,2H,Ar),7.36(s,2H,Ar),7.28(d,2H,Ar),4.49(s,4H,OCH$_2$),3.89(s,6H,OCH$_3$)。

1,2-二(4-羟甲基-2-甲氧基苯氧基)乙烷的hNMR谱归属5(ppm)(图6-5):6.89(m,6H,Ar),5.18(t,2H,0H),4.49(d,4H,CH$_2$OH),4.30(s,4H,OCH$_2$),3.81(s,6H,OCH$_3$)。

第6章 新型甲烷吸附材料——穴番A的合成及光谱表征

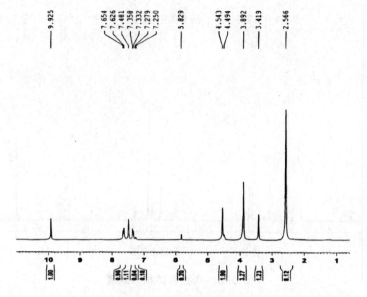

图 6-4　1,2-二(4-醛基-2-甲氧基苯氧基)乙烷的核磁氢谱

图 6-5　1,2-二(4-羟甲基-2-甲氧基苯氧基)乙烷的核磁氢谱

穴番 A 的 ^{1}H NMR 谱归属 δ (ppm)(图 6-6): 6.77 (s,6H,Ar), 6.68 (s,6H,Ar), 4.49 (d,2J (H,H)=14.0 Hz,6H,CH$_3$), 4.35 (m, 12H,OCH$_2$), 3.86 (s,18H,OCH$_3$), 3.41 (d,27 (H,H)= 14.0 Hz, 6H,CH$_3$)。

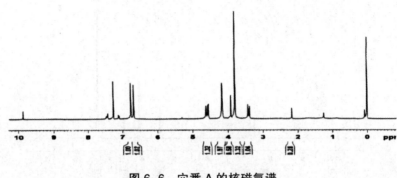

图 6-6　穴番 A 的核磁氢谱

6.3.2 紫外和荧光光谱

穴番 A 是由多个苯环组成的笼状化合物，有较好的发光性能，易溶于二氯甲烷、三氯甲烷、乙酸乙酯等有机溶剂。

将穴番 A 配制成三氯甲烷的稀溶液，研究了它的吸收光谱和荧光光谱，其中，吸收光谱有两个吸收峰，分别是 249 nm 和 287 nm。荧光光谱的最大发射峰约在 325 nm。

6.4　结　论

本章在文献的基础上，对二次三聚反应作了改进，以价格低廉的香草醛（是香草醇价格的十分之一）为原料，三步合成笼状超分子化合物穴番 A。并对它的荧光和紫外光谱进行了表征，为它在超分子识别和传感方面的进一步应用提供了理论基础。

参考文献

[1] Cram, Donald J .Container Molecules and Their Guests[J]. J.anal.at.spectrom,1994.

[2] Lehn, Jean-Marie.From Molecular to Supramolecular Chemistry: Science, Art and Industry[J].Interdisciplinary Science Reviews,2013,10（1）: 72-85.

[3] Hardie M J .ChemInform Abstract: Cyclotriveratrylene and Cryptophanes[J].ChemInform,2012,43（37）.

[4] Davies, Ericd J .Comprehensive Supramolecular Chemistry Vol.8 Physical Methods in Surpramolecular Chemistry[M].Elsevier Science Ltd,1996.

[5] Kang J, Jr J R .Acceleration of a Diels-Alder reaction by a self-assembled molecular capsule[J].Nature,1997,385（6611）: 50-52.

[6] ATWOOD J L, BARBOUR L J, JERGA A, et al. Guest Transport in a Nonporous Organic Solid via Dynamic van der Waals Cooperativity[J].Science,2002,298: 1000-1002.

[7] RUDKEVICH D M, LEONTIEV A V, AUST J. Molecular Encapsulation of Gases[J].Chem,2004,57: 713-722.

[8] Yokel R A .Aluminum-ScienceDirect[J].Encyclopedia of the Neurological Sciences（Second Edition）, 2014, 40（4）: 116-119.

[9] Agrawal Y K, Sharma C R .Supramolecular Assemblies and their Applications[J].Reviews in Analytical Chemistry,2005,24（1）: 35-74.

[10] KATHLEEN E CHAFFEE, MALGORZATA MARJANSKA, BOYD M GOODSON. NMR studies of chloroform®cryptophane-A and chloroform @ bis-cryptophane inclusion complexes oriented

in thermotropic liquid crystals [J]. Solid State Nuclear Magnetic Resonance,2006,29：104-112.

[11] CANCEBLL J, CESARIO M, COLLET ANDRE, et al. Structure and properties of the Cryptophane-E CHCI3 complex a stable van der Waals molecule. Angew[J]. Chern., Int. Ed. Engl,1989,28：1246-1248.

[12] COLLET A. Cyclotriveratrylenes and Cryptophanes, in Tetrahedron Report Numebr 226[J]. Tetrahedron,1987,43（24）：5725-5759.

[13] BARTIK KRISTIN, LUHMER MICHEL, COLLET ANDRE, et al. ^{129}Xe and *H NMR Study of the Reversible Trapping of Xenon by Cryptophane-A in Organic Solution [J].AmChemSoc, 199S,120：784-791.

[14] CANCEIL JOSETTE, COLLET ANDRE. Two-step synthesis of D_3 and C_{3h} Cryptophanes [J]. J.Chem. Soc. Chem. Commun,1988,9：582-584.

[15] GAREL BY LAURENT, DUTASTA PIERRE DUTASTA, COLLET ANDRE. Complexation of Methane and Chlorofluorocarbons by Cryptophane-A in Organic Solution [S].Angew. Chem. Int. Ed. Engl,1993,32：1169-1171.

[16] Izatt R M, Pawlak K, Bradshaw J S, et al.Thermodynamic and Kinetic Data for Macrocycle Interaction with Cations, Anions, and Neutral Molecules[J].Chemical Reviews,1995,95（7）：2529-2586.

第7章 一种新型非酶级联扩增,用于超灵敏光电化学 DNA 传感,基于目标驱动以启动发夹的循环装配

7.1 引　言

由于依赖于沃森-克里克碱基配对,DNA 具有优异的特异性识别,所以 DNA 可以被预先编程和组装。DNA 传感器具有良好的数据存储能力和设计的灵活性,对于检测许多生物在临床诊断、病原体检测、基因治疗等领域得到了广泛的应用。几种 DNA 结构已经应用于 DNA 或 RNA 感应显示的核心功能,如三螺旋分子信标(THMB)、G-四链体和其他 DNA 构象。同时,分析技术对于 DNA 检测中的信号读出是必要的,包括荧光、色度、电化学和电化学发光。一般来说,除了这些 DNA 检测的许多优点之外,还有许多缺点,例如灵敏度有限、设备复杂、成本高和耗时的程序。

光电化学(PEC)传感方法已经被引入到 DNA 检测和其他高通量生物分析中,利用潜在的高灵敏度、低背景信号的优点。简单,便携和低成本。然而,扩增受限,导致浓度线性范围窄,检测限不尽如人意。

关于扩增,用于扩增和转导信号的非酶 DNA 电路对于开发低成本即时诊断非常有吸引力。例如,催化发夹组件(CHA),其中两个预先设

计的发夹不相互作用,可通过催化介导的链置换反应催化形成双链体,被设计为产生数百个具有可忽略的背景的放大信号。

这项工作设计了一个目标驱动的 DNA 关联,以诱导非酶的环状发夹组装,这可以很大程度上放大信号,以敏感地检测目标(图 7-1)。DNA 缔合引发的环状系统包含两个 ssDNA(A 和 B),两个发夹(C 和 D)和一个双链探针 DNA(Q:F)。特别是,脚趾和分支迁移域分别位于 A 和 B 上,分别与识别域相连。A 和 B 可以共同识别目标以产生 A-target-B 结构,其使 ae 和 a 分支迁移(b*c*)结构域靠近以与 C 的 abc 区域杂交。打开的 C 的 c*d* 区域进一步与 D 的 cd 区域杂交以打开 D,并且 D 的 b*c* 区域与 C 的 bc 区域的杂交导致释放 A-靶标-B 结构,启动了环状发夹组装。组装产品中 C 的 b*e* 区域可以切换 PEC 信号以进行目标检测。由于循环扩增,循环系统可以检测到低至 pM 水平的目标 DNA,这与复杂的酶促扩增相当。通过设计 A 和 B 的识别区域,所提出的系统可以方便地扩展到其他目标,如蛋白质、RNA 和金属离子,显示出潜在的应用。

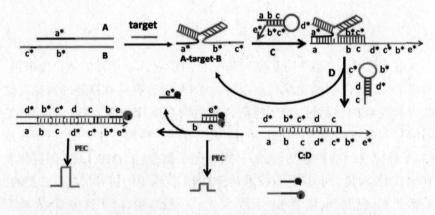

图 7-1 靶标驱动的 DNA 关联以循环介导发夹装配的示意图

7.2 实验部分

7.2.1 材料和试剂

巯基乙酸(TGA),单乙醇胺(MEA),1-乙基-3-(3-(二甲基氨基)丙基)碳化二亚胺(EDC),FTO薄膜(FTO涂层30±5 nm),薄层电阻≤10 Ω/ N-羟基琥珀酰亚胺(NHS)和三(2-羧乙基)膦盐酸盐(TCEP)购自Sigma-Aldrich。氯化镉($CdCl_2 \cdot 2.5H_2O$),$Na_2S \cdot 9H_2O$,氯金酸($HAuCl_4 \cdot 4H_2O$),硼氢化钠,Amicon离心过滤器(10 kDa和100 kDa截留分子量)和考马斯亮蓝R-250染料购自南京橄榄枝条生物技术。有限公司。在Millipore纯水系统(≥18MΩ,Milli-Q,Millipore)中获得的超纯水用于所有相关的程序。通过混合NaH_2PO_4和Na_2HPO_4的储备溶液来制备磷酸盐缓冲盐水(PBS,10 mM)。上海生工生物技术有限公司(中国)使用高效液相色谱法合成和纯化寡核苷酸。

7.2.2 仪器

使用500 W Xe灯作为辐射计(北京师范大学光电仪器厂)估算的光强度为400 μW·cm^{-2}的辐照源。用CHI660D电化学工作站(ChenhuaInstrument, USA)以三电极系统测量光电流:以0.25 cm^2改性的FTO作为工作电极,Pt电极作为对电极,以及饱和的Ag/AgCl电极作为参考电极。紫外-可见(UV-vis)吸收光谱在Synergy hybrid 1多模式酶标仪(BioTek, USA)和nanodrop-2000C紫外可见分光光度计(Nanodrop, USA)上进行。在电泳分析仪(Bio-Rad, USA)上进行聚丙烯酰胺凝胶电泳(PAGE)分析,并在Bio-radChemDoc XRS(Bio-Rad, USA)上成像。透射电子显微镜(TEM)用JEOL-2100透射电子显微镜(JEOL,日本)进行。

7.2.3 AuNP 标记的 DNA（Q）的制备

首先,根据文献的方法制备 AuNPs。简言之,将 30 μL 的 50 μM HS 修饰的 DNA 和 15 μL 的 10mM TCEP 混合,并在室温下温育 30 min 以便还原二硫键。然后,将所需量的 AuNP 加入到上述溶液中以达到最终 DNA 浓度为 1 μM,并在室温下温和振荡且无光下温育 16 h。所得溶液以 15 000 rpm 离心 30 min。去除上清液后,将沉淀 DNA-AuNPs 重新悬浮在含有 0.10 M NaCl 的 10 mM 的 pH=7.4 的 PBS 中。

7.2.4 CdS QDs 标记的 DNA（F）的合成

根据先前报道的程序合成 CdS 量子点并进行适当的修饰。通常,将 250 μL 巯基乙酸加入到 50 mL 0.01 M $CdCl_2$ 中,并将溶液用高纯度 N_2 饱和 30 min。用 1.0 M NaOH 将 pH 调节至 11 后,注入 5.0 mL 0.1 M Na_2S。将所得混合物溶液加热至 110 ℃并回流 4 h。最后,用相同体积的水稀释所制备的 CdS 量子点溶液,并保存在 4℃的冰箱中。

关于信号 DNA-CdS QDs 的制备,将 100 μL CdS QDs 工作溶液和 100 μL 含有 20 mM EDC 和 10 mM NHS 的 20 μM 巯醇化序列 F 在 PBS（含有 150 mM NaCl,pH=7.0,20 mM EDTA）中混合,并在黑暗中摇晃过夜。之后,使用 100KD 毫微孔（10 000 r,10 min）通过超滤去除非共轭 DNA 以获得信号 DNA-CdS 量子点探针,其在使用之前保持在 4 ℃。

7.2.5 PAGE 和考马斯亮蓝分析

PAGE 和考马斯亮蓝的分析使用已报道的经典方法。用 5×Tris-硼酸盐-EDTA（TBE）缓冲液制备 12% 的天然聚丙烯酰胺凝胶。加载样品是 7 μL 靶 DNA,1.5 μL 6× 上样缓冲液和 1.5 μL 商业 UltraPower 染料的混合物。混合物保持 3 min,然后施加到通道上。凝胶在 1× TBE 缓冲液中 90 V 90 min,并用分子成像仪 Gel Doc XR（Bio-Rad）扫描。电泳后,将凝胶用 0.025%（w/v）考马斯亮蓝 R-250 染料染色

60 min,所述染色溶液含有比例为 24：5：21 的蒸馏水、乙酸和甲醇的染色溶液,然后脱色 5 用含有 7%乙酸和 5%甲醇的溶液处理。

7.2.6 功能探针的制备

DNA 序列 A, B, C 和 D 在 95 ℃加热退火 5 min,然后在 3 h 内缓慢冷却至室温。问：通过混合 DNA-AuNPs 和信号 DNA-CdS QDs 链,然后在 95 ℃加热 5 min,然后在 3 h 内缓慢冷却至室温,形成 F 双链体。对于 DNA 传感,将 100 nM A 和 B,200 nM C 和 D 以及 200 nM Q：F 双链体与 10 mM PBS 中不同浓度的靶 DNA 混合,并在 37 ℃孵育 1 h。

分离上清液后,将所得探针 10.0 μL 滴加到 FTO 电极上,在 37 ℃下干燥 20 min。在靶 DNA 存在的情况下,淬灭探针 DNA-AuNPs 被置换,可以将光源信号-CdS QDs 探针引入到 FTO 的表面,形成功能化的 PEC 电极,最终用于在 10 mL pH=7.0 的 PBS 中进行 PEC 检测,施加电势为相对于 Ag/AgCl 的 -0.2 V。照射光波长为 405 nm,强度为 50 W·m^{-2}。测量前电解质溶液被空气饱和。

7.3　结果和讨论

7.3.1 PEC 传感机制

信号 DNA-QDs / FTO 电极的 PEC 响应是由光诱导的光电流产生的。信号 DNA-CdS QDs 的未钝化表面具有较低的表面能级和窄带隙,从而导致表面电子转移。在辐照下,量子点可以产生电子-空穴对,电子可以从价带转移到导带,随后,可被电解质中的溶解氧接收,并导致稳定的光电流。在没有靶标的情况下,通过与信号 DNA-CdS 量子点杂交,可以将 DNA-AuNPs 作为信号淬灭元素引入到传感平台的表面,通过能量转移过程导致量子点的光电流淬灭。加入靶标后,由于靶向诱导的介导的链置换而恢复了光电流,其可以解离信号 DNA-CdS 量子点和

DNA-AuNPs 之间的双链探针 DNA,从而增强了光电流。通过整合目标驱动的 DNA 结合启动非酶循环发夹组装和 CdS 量子点与金纳米粒子之间的能量转移,实现了"信号在线"的 PEC DNA 传感器,具有良好的性能,在临床和生物分析中具有很好的应用前景。

7.3.2 AuNPs 和 CdS 量子点的表征

为了获得 AuNPs 和 CdS 量子点的尺寸,进行透射电子显微镜(TEM),显微照片显示在图 7-2 中。如图 7-2A 所示,球形金纳米粒子均匀分散,平均尺寸为 5 nm。捕获 DNA 加入和装配后,捕获 DNA-AuNPs 的直径明显增加而没有聚集(图 7-2A,插图)。图 7-2B 显示 CdS 量子点是直径为 5 ± 1 nm 的准球形纳米粒子。

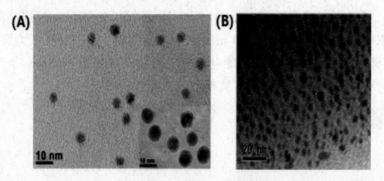

图 7-2　透射电子显微镜(TEM)显微照片显示

(A)AuNPs(插图为 DNA / AuNP 的 TEM 图像);(B)CdS QDs 的 TEM 图像

图 7-3A 显示了 AuNPs 的紫外可见吸收光谱和 CdS 量子点的 PL 光谱。AuNPs 的最大等离子体吸收峰位于 ca.518 nm,而 CdS 量子点的典型 PL 发射峰约为 510 nm。显然,AuNPs 的广泛的表面等离子体共振和 CdS QD 的 PL 发射在很宽的波长范围内重叠,这为共振能量转移提供了可能性。

同时,为了验证 AuNPs 与 DNA 的组装,获得 AuNPs 和 AuNP 标记的 DNA 的 UV-vis 光谱进行比较(图 7-3B)。最初,AuNPs 和 DNA 显示分别来自核碱基的共轭双键在 518 nm 和 260 nm 处的吸收峰,如迹线 a 所示。在 DNA 中孵育 AuNPs 后,观察到 518 nm 吸收峰已经移动到 526 nm,如迹线 b 所示,其支持 DNA-AuNPs 组装体。

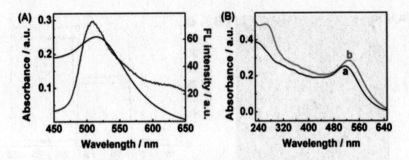

图 7-3　AuNPs 的紫外可见吸收光谱和 CdS 量子点的 PL 光谱

（A）AuNPs 的紫外可见吸收光谱和 CdS QDs 的 PL 光谱（激发波长：405 nm）；

（B）AuNPs（a）和 AuNP 标记的 DNA（b）的紫外-可见光谱

（Absorbance：吸光度；Wavelength：波长）

7.3.3 非酶促级联放大的验证

为了说明非酶促级联扩增的可行性，进行 PAGE，平均结果显示在图 7-4（A）中。如图所示，泳道 1 至 6 分别表示 A，B，靶 DNA，A+靶 DNA，B+靶 DNA 和 A+B+靶 DNA 的位置，分别表现出单独的清晰条带。因此，PAGE 实验已经验证了三链复合物的形成。

DNA 缔合引发的循环系统首先用于检测靶 DNA。A 和 B 的识别结构域被设计为分别在靶 DNA 的两端具有 16 个和 17 个互补的碱基。它们与目标 DNA 的杂交导致在 A 靶标 B 复合物中发生了结合的分支和分支迁移结构域，其启动了发夹组装并产生了 PEC 信号。在没有靶 DNA 的情况下，A，B 和 D 几乎不影响 Q∶F（红线和黑线）的光电流响应（图 7-4（B））。样品"C+Q∶F"（粉红线）的轻微光电流增加可能是由与探针 Q 相互作用的一小部分误成形（错合成和/或错折叠）C 引起的：F 双链直接将信号探针和淬灭剂链分开。在靶 DNA 存在的情况下，光电流响应表现出高强度，证实了循环系统用于检测靶 DNA 的可行性。

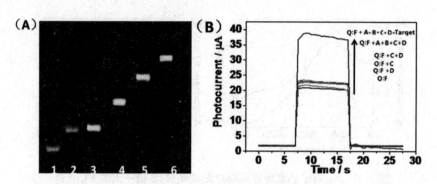

图 7-4 非酶促级联放大的验证

（Photocurrent：光电流）

（A）DNA 三链复合物形成的聚丙烯酰胺凝胶电泳（PAGE）分析，泳道 1~6 分别对应于 5.0 μM A, B, 靶 DNA, A + 靶 DNA, B + 靶 DNA 和 A + B + 靶 DNA；（B）在 200 nM C 和 D, 100 nM A 和 B, 200 nM Q：F 和 50 nM 目标 DNA 处含有标记成分的不同溶液的光电流强度

7.3.4 PEC 检测条件的优化

为了在靶 DNA 的 PEC 测定中获得优异的性能，在图 7-5 中优化了几个实验参数，如 Mg^{2+} 浓度、发夹、Q：F 双链体和杂交时间。这里，Mg^{2+} 可以改善 DNA 杂交。然而，在高浓度的 Mg^{2+} 下，发夹 D 可以打开大量的发夹 C，产生高背景信号。随着 Mg^{2+}、发夹和 Q：F 双链体浓度的增加，光电流强度增加，在 6 mM Mg^{2+}，200 nM C 和 D，200 nM Q：F 下分别达到最大值（图 7-5（A），（B），（C））。进一步增加浓度导致光电流强度的降低。因此，选择 6 mM Mg^{2+}，200 nM C 和 D 以及 200 nM Q：F 作为优化的实验条件。

孵育时间是影响 DNA 检测分析性能的另一个重要参数。在室温下，随着培养时间的增加，光电流的变化大大增加。如图 7-5（D）所示，60 min 后获得所需的光电流变化。为了有效地促进 PEC 检测，选择 60 min 作为最佳反应时间。

第7章 一种新型非酶级联扩增,用于超灵敏光电化学DNA传感,基于目标驱动以启动发夹的循环装配

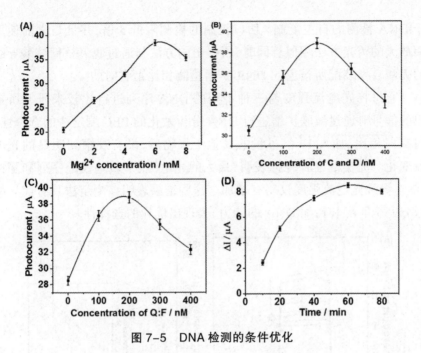

图 7-5 DNA 检测的条件优化

(A)Mg^{2+} 的浓度;(B)发夹的浓度;(C)Q:F 双链体的浓度;(D)反应时间

(Photocurrent:光电流;Mg^{2+} concentration:Mg^{2+} 的浓度;concentration of C and D:发夹C和D的浓度;concentration of Q:F:Q:F双链体的浓度;Time:时间)

7.3.5 PEC DNA 传感器的分析性能

在优化的条件下,利用目标驱动启动发夹环策略的循环组装,将此准备生物传感方法应用于如上所述的 DNA 检测。图 7-6(A)描绘了在不同浓度的靶 DNA 下测量的光电流信号。在没有靶 DNA 的情况下,由于通过信号 DNA-CdS 量子点与 DNA-AuNP 之间的能量转移的 PEC 抑制,获得低光电流。随着靶 DNA 浓度的增加,光电流强度逐渐增强。这些结果表明形成了一个靶向驱动的 DNA 联合启动 nonenzyme 环发夹,并随后启动 toehold 介导的信号 DNA 硫化镉 QDs 与 DNA-AuNPs 的链置换反应。图 7-6(B)概述了光电流的增量与目标 DNA 浓度的对数之间的关系。线性范围确定为 0.05 ~ 100 nM。回归方程为 $I(\mu A)$ = 2.363 79 + log [DNA](nmol/L),相关系数为 0.998 92(图 7-6(B),插图)。估计在 3σ 的检测限为 21.3 pM,比使用切口和聚合酶产生用

于 DNA 检测的自主复制/切口机制的检测限低 5 倍,并且与之前使用酶放大的荧光方法相似。同时,所提出的方法与通过脱氧核糖核酸导线的无酶自发装配所报道的 DNA 扩增检测相比是省时的。

通过将光电流强度与三种不同的 DNA 序列进行比较来研究所提出的信号对通过级联扩增进行 DNA 分析敏化的 PEC 测定法的选择性。与空白相比,加入 10 倍过量的其他干扰物后,没有观察到明显的光电流变化。完美的互补靶标表明,最大的光电流、单碱基错配序列和随机 DNA 导致光电流强度仅略有增加。这些结果表明该测定法具有优异的区分完全匹配和错配 DNA 的能力,表现出优异的选择性。

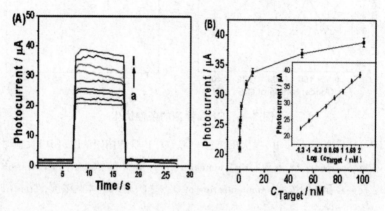

图 7-6　PEC DNA 传感器的分析性能

(photocurrent:光电流;Time:时间)

(A)不同浓度的靶标下 DNA 传感器的光电流响应:0.0(a),0.050(b),0.10(c),0.50(d),1.0(e),5.0(f),10(g),50(h)和 100 nM(i);(B)光电流强度与目标 DNA 浓度的关系图(插图:校准曲线)

通过比较不匹配的不同 DNA 序列的光电流强度,研究了所提出的信号对 PEC 检测的选择性,用于 DNA 分析。与正常目标相比,加入 10 倍的其他干扰物后,没有观察到明显的光电流变化。完美互补的目标显示,最大的光电流、单碱基错配的序列只导致光电流强度的轻微增加。这些结果表明,该检测方法具有区分完全匹配和不匹配的 DNA 的出色能力,显示了出色的选择性。接下来,还通过五个独立的电极研究了设计的 PEC 生物传感器的稳定性。在目标浓度为 10 nM 和 50 nM 时,可检测结果的相对标准偏差(RSD)分别为 3.9% 和 4.7%,显示出可接受的稳定性和制造的可重复性。

7.4 结 论

该工作设计了一种新型的 PEC 生物传感策略,用于非酶促级联放大敏化的靶 DNA 检测。通过靶向驱动的 DNA 协会启动发夹环的周期性组装以触发电路反应,作为信号源的 F-QD 被快速释放并通过分离信号淬灭元件 DND-AuNPs 获得。受益于循环扩增,所提出的 PEC 系统可以执行放大的生物传感而不需要酶。在最佳条件下,PEC 性能表现出高灵敏度、宽可检测浓度范围和理想选择性。通过修饰具有相应识别结构域的两个 ssDNA,可以方便地扩展循环系统以检测其他分析物,如蛋白质、RNA 和金属离子。因此,该系统为灵敏检测提供了一个通用的平台,在生物分析和疾病诊断中具有广阔的应用前景。

参考文献

[1] Liu L,Fan X D,Wang F W,et al.Coexpression of ScNHX1 and ScVP in Transgenic Hybrids Improves Salt and Saline-Alkali Tolerance in Alfalfa(Medicago sativa L.)[J].Journal of Plant Growth Regulation,2013,32(1):1-8.

[2] Furst A,Landefeld S,Hill M G,et al.Electrochemical Patterning and Detection of DNA Arrays on a Two-Electrode Platform[J].Journal of the American Chemical Society,2013,135(51):19099-102.

[3] Baeissa, A., Dave, N., Smith, B.D., et al. 2010. ACS Appl. Mater. Interfaces 2, 3594-3600.

[4] Cai Z, Chen Y, Lin C, et al. A dual-signal amplification method for the DNA detection based on exonuclease Ⅲ [J]. Biosensors & bioelectronics, 2014, 61: 370-3.

[5] Chandran H, Rangnekar A, Shetty G, et al. An autonomously self - assembling dendritic DNA nanostructure for target DNA detection[J]. Biotechnology Journal, 2013, 8 (2): 221-227.

[6] Chen X, Briggs N, Mclain J R, et al. Stacking nonenzymatic circuits for high signal gain[J]. Proc Natl Acad Sci U S A, 2013, 110 (14): 5386-5391.

[7] Cheng, W., Yan, F., Ding, L., et al. 2010. Anal. Chem. 82, 3337-3342.

[8] Wang F, Freage L, Orbach R, et al. Autonomous replication of nucleic acids by polymerization/nicking enzyme/DNAzyme cascades for the amplified detection of DNA and the aptamer-cocaine complex. [J]. Analytical Chemistry, 2013, 5 (17): 8196-8203.

[9] Gao Y, Li B. G-Quadruplex DNAzyme-Based Chemiluminescence Biosensing Strategy for Ultrasensitive DNA Detection: Combination of Exonuclease Ⅲ -Assisted Signal Amplification and Carbon Nanotubes-Assisted Background Reducing[J]. Analytical chemistry, 2013 (85-23).

[10] Grossmann T, Dipl.-Chem, Lars Röglin, et al. Triplex Molecular Beacons as Modular Probes for DNA Detection[J]. Angewandte Chemie International Edition, 2007, 46 (27): 5223-5225.

[11] Zhang Y G, Li B J, Liu X H, et al. Synthesis and Bioactivities of Novel 1,3,4-oxadiazole Derivatives Containing Pyridine Moiety[J]. Letters in Drug Design & Discovery, 2014, 11 (9).

[12] Haddour N, Chauvin J, Gondran C, et al.Photoelectrochemical immunosensor for label-free detection and quantification of anti-cholera toxin antibody - art. no. JA062729Z[J].Journal of the American Chemical Society,2006,128（30）: 9693-9698.

第 8 章　通过标签诱导的激子捕获进行超灵敏的光电化学免疫分析

8.1　引　言

由于血清中肿瘤标志物的水平与肿瘤的分期有关,因此,灵敏、准确地测定肿瘤标志物的水平,特别是,肿瘤生物标志物的临床测量在早期诊断、癌症监测和高度可靠的预测方面显示出巨大的前景。它还为了解监测患者对治疗方法反应的基本生物学过程提供了机会。α-胎蛋白(α-fetoprotein,AFP)是一种分子质量约为 70 kDa 的癌胎糖蛋白,主要由人类胎儿的肝脏、卵黄囊和胃肠道产生,是一种肿瘤标志物。在患有某些恶性肿瘤的成人血清中可能发现高水平。成人血浆中 AFP 浓度升高通常被认为是肝细胞癌或内皮窦肿瘤的早期指征。因此,开发一种快速、灵敏的 AFP 检测方法在临床研究中具有重要意义。报道的 AFP 检测方法有酶联免疫吸附法(ELISA)、电化学、电化学发光法(ECL)、质谱、微量石英晶体天平法(QCM)、表面等离子体共振法(SPR)。除了准确度高之外,这些技术都有一些缺点,如仪器相对复杂,样品量大,灵敏度有限,以及临床上不现实的费用和检测时间长。因此,确实需要开发操作简单、灵敏度高、价格低廉的方法来检测生物标志物的水平,以实现低成本和方便的临床诊断。

第8章 通过标签诱导的激子捕获进行超灵敏的光电化学免疫分析

光电化学传感是一种新开发的高度灵敏的检测方法,已经在许多领域引起重视,如环境监测和生物分析。最近,研究出一些实用的光电化学与量子点结合的方法。由于激发信号和检测信号的分离,光电化学传感方法与电化学免疫分析法相比具有明显优势,比如低背景、低电位等,因此,光电化学传感方法的分析性能拥有得天独厚的优势。此外,这种方法也很容易结合生物标记技术完成高灵敏的免疫分析测定。

镉基量子点的禁带窄、可以吸收可见光,而且制备方便,因而成为目前研究最广泛的半导体光电活性材料之一。基于 CdTe 量子点的量子光电效应,二次抗体用量子点标记后,在光激发下产生光电子逃逸,与硝基蓝四氮唑(NBT)反应产生蓝色不溶的可见信号,用于蛋白免疫分析的方法已经有人提出。还有,通过分析物诱导形成激子捕获位点引起信号淬灭来完成选择性检测痕量 Cu^{2+} 的方法也已有报道。

本章实验主要是将光电化学信号淬灭与夹心型免疫传感方法进一步结合,形成简单、灵敏的光电化学免疫分析方法来检测 CEA。其原理如图 8-1 所示,CdS 量子点滴涂于氟掺杂的氧化锡(FTO)电极表面,CdS 量子点可通过光激发产生电子-空穴对,溶液中溶解的氧气作为电子受体接受导带上的电子,电子-空穴对的复合概率被有效阻止,从而产生光电流响应;固定 CEA 的一次抗体并与抗原发生作用,加入 CuO NPs 标记二次 CEA 抗体,通过特异性免疫反应发生作用;并向溶液中加入 H^+ 使其产生能与量子点作用的 Cu^{2+}。将所得溶液滴加至 CdS QDs/FTO 电极表面,CuO 与酸反应得到的 Cu^{2+} 在 CdS/FTO 电极上形成捕获激子的陷阱,阻碍光电子逸出,因此,导致 CdS 量子点产生的光电流发生淬灭,引起光电流的变化。所设计的信号淬灭免疫传感分析方法表现出良好的性能。它扩展了光电化学传感方法的使用范围,在临床诊断、低丰度蛋白的检测中具有无限的发展潜力。与 CdTe 相比,CdS 的合成方法更加简单易行,而且在空气饱和溶液中更稳定。

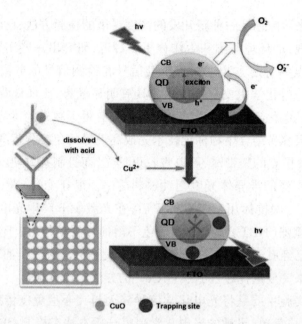

图 8-1 基于 CuO 标记抗体和铜诱导激子捕获的光电化学免疫分析示意图

8.2 实验部分

8.2.1 实验药品

氯化镉($CdCl_2 \cdot 2.5\ H_2O$)、内消旋-2,3-二巯基琥珀酸(DMSA)和 CuO NPs(50 nm)均购自阿法埃莎中国有限公司,碲棒(直径 4 mm)购自乐山卡亚达光电有限公司。癌胚抗原(CEA)、CEA 抗体、牛血清白蛋白(BSA)、硝酸铜[$Cu(NO_3)_2 \cdot 3H_2O$]和 Tween 20 均购自橄榄枝生物技术有限公司(南京,中国)。氟掺杂氧化锡(FTO)电极从北京中西部集团科技有限公司(中国)购买。所有其他化学品均为分析纯,无需进一步处理和纯化。磷酸盐缓冲溶液(PBS,0.01 M,pH 为 7)被用于整个光电化学检测的全实验过程。所有的水溶液都使用由 Millipore 系统纯化的去离子超纯水。江苏省肿瘤医院提供实验中所需的临床血清样品。

8.2.2 实验仪器

光电流的记录由 CHI-660D 电化学工作站（CHI, USA）完成,使用三电极体系完成电化学检测：FTO 作工作电极,饱和甘汞电极作参比电极,铂丝电极作对电极。透射电子显微镜照片由 JEM-2100 透射电子显微镜（TEM）（JEOL, Japan）拍摄得到。X 射线光电子能谱仪（XPS）（ULVAC-PHI 有限公司, Japan）得到 X 射线光电子能谱。Zahner 可控强度调制的光谱仪（Zahner, German）用于光电检测。

8.2.3 合成 DMSA-CdS QDs

DMSA CdS 量子点的合成方法是在之前报道方法的基础上稍作修改得来的。具体方法为：DMSA 作为稳定剂在水溶液中配置 CdS QDs,将 250 μL DMSA 滴加到 50 mL 0.01 M $CdCl_2$ 溶液中,接下来,向溶液中通入氮气 30 min,除尽溶液中溶解的氧气。在此期间,1 M NaOH 加入上述溶液中将 pH 值调整为 11。之后,将 5.5 mL 0.1 M Na_2S 水溶液注入到该溶液中,成功得到 DMSA 包裹的水溶性量子点 CdS,反应混合物在充满 N_2 的环境中回流 4 h。最后,制得稳定的 DMSA CdS 量子点,用相同体积的超纯水稀释,储存在温度为 4℃ 的冰箱中以备之后实验中使用。

8.2.4 用 CuO NPs 标记二次抗体

1 mg CuO NPs 分散到 1 mL 0.01 M 的 PBS 中超声 10 min。将 500 μL 0.2 mg/mL CEA 抗体加到 CuO NPs 溶液中超声 3 min,并在 500 rpm 的转速下搅拌 3 h。然后,把得到的混合溶液在 10 000 rpm 转速下离心 10 min,目的是除去含有未标记二次抗体的上层溶液。离心后,将 CuO NPs 标记的二次抗体被重新分散在 1.5 mL 的 PBS 中搅拌 3 min,在 200 rpm 转速下离心 10 min,用以除去多余的 CuO NPs 沉淀。取 200 μL 10% 的 BSA 加入上述制得的稳定 PBS 溶液中,搅拌 30 min,就在上清液中成功制得 CuO NPs 标记的 CEA 抗体,将其作为光电化学免疫传感器的探针,在使用前储存在 4℃ 环境中保存。

8.2.5 固定一次抗体并有抗原反应

将 100 mL 50 μg/mL 一次抗体加入 96 孔板中,在 4℃下孵育过夜。孔板用 PBST(即 PBS 中含有 0.1%Tween,3×200 μL)冲洗后,加入 200 μL 5% BSA 作为封闭剂在 37 ℃下孵育 1 h,来封闭未结合的活性位点。将孔板再次用 PBST(3×200 μL)冲洗后,分别在不同的孔板中加入不同浓度的 CEA 在 37℃下孵育 1 h。用 PBST 缓冲液(3×200 μL)冲洗孔板后,再加入 CuO NPs 标记的二次 CEA 抗体,依然将其置于 37 ℃下孵育 1 h。最后,用 PBST 缓冲液(3×200 μL)冲洗后,用于光电化学检测实验。

8.2.6 电极的修饰及光电化学检测

依次分别用 1 mol/L NaOH、10% 的 H_2O_2、丙酮和超纯水将 FTO 电极冲洗干净,在室温条件下使其自然干燥。接下来,在其表面滴加 10 μL 已制备的 CdS QDs 溶液,室温干燥,得到 CdS/FTO 电极。取 20 mL 1 mmol/L HCl 分别加到每个孔板中,将 96 孔板在 500 rpm 转速下离心 10 min。然后,取上述得到的溶液 10 μL 滴加到 CdS/FTO 电极上,并在 37℃下干燥 20 min 获得实验所需的夹心型修饰电极。

光电化学检测在石英光电化学池中进行,取 10 mL 空气饱和的 PBS 缓冲溶液作为电解质溶液。采用三电极体系来完成检测,被修饰的 FTO 电极作工作电极,甘汞电极作参比电极,铂丝电极作辅助电极。在波长为 405 nm,光照强度为 50 W/m^2 的光激发下,外加电压为 -0.2 V 下完成光电流信号的检测。

8.3 结果与讨论

8.3.1 CdS QDs 和 CuO NPs 的表征

通过 TEM 观察 CdS QDs 和 CuO NPs 的形貌特征和大小分布,图 8-2(A)和图 8-2(B)分别为 CdS QDs 和 CuO NPs 的透射电子显微镜照片。从图中可以看出,CdS QDs 和 CuO NPs 都是均匀层状分布。从图 8-2(A)可以看出,CdS QDs 直径大部分分布在 3～5 nm,均匀的表面结构有助于改善光电转换效率,增强光电流响应,颗粒直径相对较小,表面 CdS QDs 的合成非常成功。而图 8-2(B)看出 CuO NPs 的直径约为 50 nm。

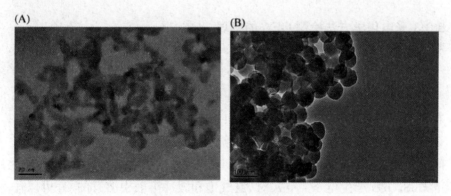

图 8-2 投射电子显微镜照片

(A)CdS QDs 的 TEM 图像,直径分布在 3~5 nm;
(B)CuO NPs 的 TEM 图像中,平均直径在 50 nm 左右

8.3.2 CuO NPs 标记二次抗体的表征

对制备的 CuO NPs 标记的二次抗体进行 XPS 表征。如图 8-3 所示,蓝色线代表二次抗体未用 CuO NPs 标记时的 XPS 图谱,没有 Cu(Ⅱ)

的特异峰；红色线代表二次抗体与 CuO NPs 作用后的 XPS 图谱，在结合能为 932.7 eV 的地方有一个强峰，对应 $Cu2p_{3/2}$ 就是 Cu（Ⅱ）的特异峰，说明 CuO NPs 与 CEA 二次抗体已经成功完成结合。由于抗体的亲和能力很强，而且纳米颗粒也具有较高表面能，所以，CuO NPs 是通过物理吸附作用与 CEA 二次抗体成功结合形成探针。

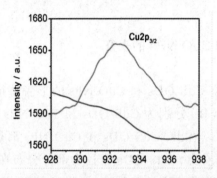

图 8-3　未标记 CuO 抗体（蓝线）和 CuO 标记抗体（红线）的 $Cu2p_{3/2}$ XPS 图谱

（intensity：强度）

8.3.3 光电化学方法检测 CEA 的机理

在空气饱和缓冲液作电解液，外加电压为 -0.2 V，波长为 405 nm 的光照条件下，CdS QDs 修饰的 FTO 电极出现稳定的光电流信号，与没有光照条件时相比光电流响应增加约 220 nA。这是由于通过 DMSA 合成的 CdS QDs 作为光活性材料，短链双巯基化合物的刚性结构和空间位阻使 CdS QDs 具有比较窄的带隙和较低的表面能级。在光照条件下 CdS QDs 产生电子-空穴对，空气饱和缓冲溶液中溶解的 O_2 可以作为电子受体获得 CdS QDs 导带上的电子，从而有效抑制了电子-空穴对的复合，电极给出电子填补价带空穴，产生阴极光电流。

光电化学传感过程，光电化学信号的变化情况取决于 CuO NPs 标记的二次抗体。在盐酸作用下 Cu（Ⅱ）释放到溶液中，Cu（Ⅱ）与 QDs 相互作用会形成激子捕获陷阱，从而阻挡光电子逸出，导致光电流响应信号淬灭。单个二次抗体蛋白可以释放成千上万的 Cu^{2+}，所以光电化学免疫传感方法可以超灵敏地实现对 CEA 的检测。

通过 X 射线光电子能谱（XPS）说明 Cu^{2+} 与 CdS QDs 发生的相互

作用。Cu^{2+} 与双巯基稳定剂之间的竞争作用会影响 CdS QDs 的结构。如图 8-4（A）和 8-4（B）分别表示 Cd3d 和 S2p 的结合能，由图中信息可知在加入 Cu^{2+} 之前 Cd：S 的摩尔比为 1：8，加入 Cu^{2+} 之后 Cd：S 的摩尔比变为 1：13。这说明有 Cu^{2+} 存在时，Cu^{2+} 会覆盖在 DMSA-CdS QDs 表面并与之发生作用，从而使更多的 S 暴露出来。除此之外，从热力学角度分析，CdS 的 K_{sp} 值为 $8×10^{-27}$，远高于 CuS 的 $6×10^{-36}$。综上所述均可以证明，Cu^{2+} 的加入会破坏 CdS QDs 的结构。

更重要的是，Cu^{2+} 在 CdS QDs 表面还可以发生还原和激子捕获过程。如图 8-4（C）所示，$Cu2p_{3/2}$ 结合能的峰值分别为 931.4 eV 和 932.7 eV，932.7 eV 的峰代表了 Cu（Ⅱ），峰 931.4 eV 却是由 Cu（Ⅰ）引起的。说明在该过程中 Cu（Ⅱ）被还原为 Cu（Ⅰ）。这是由于 Cu（Ⅰ）的氧化还原能级位于 CdS QDs 的价带和导带之间，所以正好形成激子捕获位点。形成的激子捕获陷阱阻碍了激子的产生，减少了电子-空穴的形成，从而导致阴极光电流明显减小，这是 Cu^{2+} 引起阴极光电流淬灭最主要的原因。

8.3.4 实验条件优化

CdS QDs 在光照条件下产生的阴极光电流强度一定受电解质溶液 pH 值的影响。实验过程中通过研究 pH 值从 5.0 增加到 9.0，相应条件下响应光电流的变化情况，来选择检测 CEA 的最佳 pH 值。如图 8-5（A）所示，pH 值从 5.0 到 7.0 时，光电流变化逐渐增大，当 pH 继续增大时，光电流变化反而开始减小。因此，当 pH 值为 7 时，光电流变化最大。在 pH 值比较低的酸性溶液中，溶液中存在的 H^+ 比较多，会和 CdS QDs 产生的光生电子发生反应产生 H_2，与 Cu^{2+} 产生竞争关系，使光电流变化减弱。而当溶液的 pH 值比较大时，暴露在表面的 Cd^{2+} 会吸收溶液中的 OH^-，这将影响电子从 CdS QDs 向溶液中的 O_2 转移的速率，导致光电流明显降低。因此，pH 为 7 的 0.01 M PBS 缓冲溶液被始终用于光电化学检测 CEA 的全过程。

图 8-5（B）表示反应时间对光电流响应的影响。实验过程中研究了 2～10 min 不同反应时间内光电流的变化情况。结果表明，反应时间越长，光电流信号也在逐渐增强，但当反应时间超过 8 min 时，光电流

信号便不再发生明显的变化。这可能是因为随着反应时间的延长,不再有 Cu^{2+} 释放出来。为了保证反应完全,选择 10 min 作为此次光电化学传感检测 CEA 的最佳反应时间。

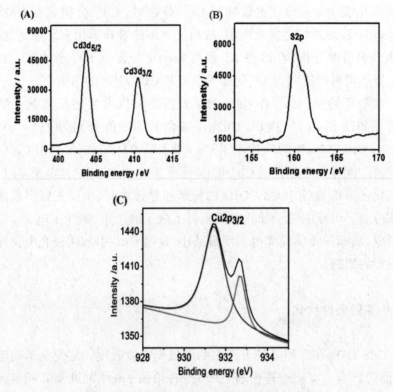

图 8-4 光电化学方法检测 CEA 的机理

(A)(B)分别是 Cu2p 和 S2p 的 XPS 图谱;

(C)表示与 Cu^{2+} 反应后 Cu2p 的 XPS 图谱

(intensity:强度;Binding energy:结合能)

8.3.5 CEA 的检测

在优化条件下,图 8-6 为 Cu^{2+} 诱导产生激子捕获位点引起阴极光电流减少来检测 CEA 的时间-光电流图。如图 8-6(A)表示,随着 CEA 的浓度从 0 到 500 ng/mL 逐渐增大时,阴极光电流响应明显减小。如图 8-6(B)所示,是以 I_p/I_0 为纵坐标,CEA 浓度的对数值为横坐标,在 CEA 浓度为 0.05~500 ng/mL 的范围里,得到的良好的线性关系图。

第8章 通过标签诱导的激子捕获进行超灵敏的光电化学免疫分析

取 3 倍噪音比(S/N=3)计算得到,这种利用形成激子捕获位点检测 CEA 方法的检测限(LOD)为 0.017 ng/mL。用这种方法分别对 8 种不同浓度的 CEA 完成 5 次独立实验测定,得到的平均标准偏差约为 2.9%,表明上述方法具备很好的重现性和准确性。

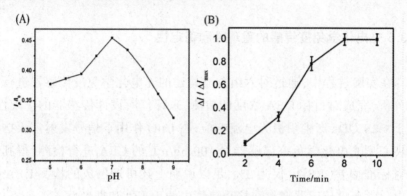

图 8-5 实验条件优化

(A)(B)分别表示 pH 和反应时间对光电流的影响
(Time:时间)

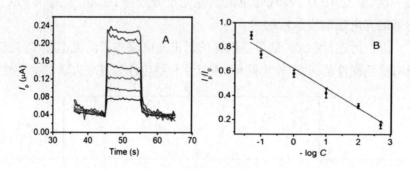

图 8-6 CEA 的检测

(Time:时间)

(A)曲线从上到下分别表示所制备电极在 CEA 浓度为 0,0.05,0.1,1,10,100 和 500 ng/mL 时的光电流响应;(B)光电流强度与 CEA 浓度对数值的线性关系图

通过对比可知,基于 CdS QDs 引起阴极光电流响应检测 CEA 方法的线性范围比之前报道的检测 CEA 的线性范围宽,比如:荧光共振能量转移(0.8~45.0 μg/L)、荧光免疫测定(0.1~100 μg/L)、近红外荧光免疫分析法(1.9~51.9 μg/L)和化学发光免疫分析法(0.1~5.0 μg/L 或 1.0~120 μg/L)。LOD 也低于荧光共振能量转移法(0.41 μg/L)、时间

分辨荧光免疫法(0.1 μg/L)、化学发光免疫法(0.01 μg/L,0.16 μg/L)、荧光淬灭法(11.7 μg/L)、激光诱导荧光法(1 μg/L)和金纳米颗粒免疫法(49.3 μg/L),宽的检测范围以及较低的检出限使该方法具有乐观的应用前景。

8.3.6 光电化学免疫传感的重现性和稳定性

在实验过程中,通过对六组独立构建的光电化学免疫传感器进行实验分析,完成对目标 CEA 浓度的检测,来评价所设计传感器的重现性。基于 CdS QDs 产生阴极光电流响应,在 CuO 作用下信号发射淬灭构建的夹心型光电化学免疫传感器对 100 ng/mL 的 CEA 进行检测,得到的相对标准偏差(RSD)仅为 3%,足以说明上述机理制成的检测 CEA 的光电化学免疫传感器拥有在接受范围内的重现性和准确性。

稳定性一直是限制光电化学检测发展的主要原因之一。图 8-7 是研究传感器光电流响应稳定性的实验结果。光照与黑暗条件每 10 s 交替一次,重复 10 次,发现光电流的变化十分规律、稳定,表明该 PEC 传感器的光电流响应非常稳定。

综上所述,用 CdS 量子点设计的阴极光电流淬灭的光电化学传感器具有检测线性范围宽、检出限低、重复性和稳定性好等令人满意的特性。

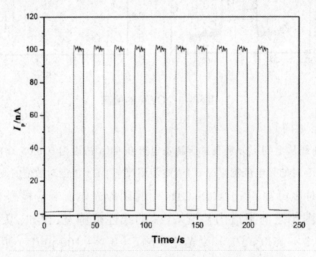

图 8-7 在光照和黑暗交替条件下的光电流响应

(Time:时间)

8.3.7 传感器的选择性

非特异性吸附会影响传感方法的灵敏度以及准确度,免疫分析最重要的指标就是特异性。为了证明光电流检测信号就是来自CEA抗体抗原的特异性结合,分别在相同的实验条件下对可能形成干扰的牛血清白蛋白(BSA)、甲胎蛋白(AFP)、糖抗原125(CA125)、糖抗原129(CA129)和糖抗原153(CA153)进行测试。由于这些蛋白对检测均没有明显干扰,因此,基于CdS量子点设计的阴极光电流淬灭的光电化学免疫传感器在CEA检测中表现出良好的选择性。

8.3.8 实际样品检测

将本实验设计的光电化学免疫传感器实际运用于检测人血清中的CEA。将检测结果与已经商品化的酶联免疫吸附法(ELISA)的检测值进行比较,可以评价实验所设计的分析策略的可靠性以及它推广应用的可能性。光电化学免疫法和酶联免疫吸附法之间的相对偏差范围从-1.6%到1.8%,表明实验设计的光电化学免疫传感方法用于临床样本检测具有理想的准确度。除此之外,该方法还不用担心CdS的毒性,因为CdS没有直接接触到生物样品。

8.4 小 结

利用CuO NPs标记抗体,释放的Cu^{2+}能形成激子捕获位点使CdS QDs产生的阴极光电流发生淬灭,提出一种超灵敏的光电化学免疫传感方法来监测生物标志物CEA,CEA是诊断和监测癌症的重要生物标志物。基于CdS QDs构建阴极光电流淬灭的光电化学免疫传感器具有操作步骤简单、灵敏度好、检测范围宽、检出限低等诸多优点。此外,该方法可以简单地扩展到其他目标的检测。因此，这种研究方法开辟了一条新的光电化学检测和分析方法，为生物分析化学提供了一个高效的检测工具。

参考文献

[1] Denk H, Tappeiner G, Eckerstorfer R, et al.Carcinoembryonic antigen（CEA）in gastrointestinal and extragastrointestinal tumors and its relationship to tumor‐cell differentiation[J].International Journal of Cancer: Journal International du Cancer, 1972.

[2] M.K. Boehm, M.O. Mayans, J.D. Thornton, et al. Extended glycoprotein structure of the seven domains in human carcinoembryonic antigen by X-ray and neutron solution scattering and an automated curve fifitting procedure: implications for cellular adhesion[J]. Mol. Biol, 1996, 259: 718-736.

[3] J.G. Sun, S.G. Adie, E.J. Chaney, et al. Segmentation and correlation of optical coherence tomography and X-ray images for breast cancer diagnostics[J]. Innov. Opt. Health Sci., 2013, 6: 1-15.

[4] R. Yuan, Y. Zhuo, Y.Q. Chai, et al. Determination of carcinoembryonic antigen using a novel amperometric enzyme-electrode based on layer-by-layer Journal of Electroanalytical Chemistry, 2015: 759.

[5] Wang J .Electrochemical biosensors: Towards point-of-care cancer diagnostics[J].Biosensors & Bioelectronics, 2006, 21（10）: 1887-1892.

[6] Lin J, Ju H .Electrochemical and chemiluminescent immunosensors for tumor markers[J].Biosensors & Bioelectronics, 2005, 20（8）: 1461-1470.

[7] Tothill I E .Biosensors for cancer markers diagnosis[J]. Seminars in Cell & Developmental Biology,2009,20（1）：55-62.

[8] Jacobs C B, Peairs M J, Venton B J .Review：Carbon nanotube based electrochemical sensors for biomolecules[J].Analytica Chimica Acta,2010,662（2）：105-127.

[9] Zhao W W, Xu J J, Chen H Y .Photoelectrochemical bioanalysis: the state of the art[J].Chemical Society Reviews,2015,46（15）：729-741.

[10] Y. Zhang, L. Ge, M. Li, et al. Flexible paperbased ZnO nanorod light-emitting diodes induced multiplexed photoelectrochemical immunoassay[J].Chem. Commun,2014,50：1417-1419.

[11] W.G. Ma, D.X. Han, M. Zhou, et al. Ultrathin g-C_3N_4/TiO_2 composites as photoelectrochemical elements for the real-time evaluation of global antioxidant capacity[J].Chem. Sci.,2014,5：3946-3951.

[12] L. Ge, P.P. Wang, S.G. Ge, et al. Photoelec trochemical lab-on-paper device based on an integrated paper supercapacitor and internal light source[J] Anal. Chem,2013,85：3961-3970.

[13] H.B. Li, J. Li, Q. Xu, et al. Poly（3-hexylthiophene）/TiO_2 nanoparticle-functionalized electrodes for visible light and low potential photoelectrochemical sensing of organophosphorus pesticide chlopyrifos[J].Anal. Chem,2011,83：9681-9686.

[14] W.W. Tu, Y.T. Dong, J.P. Lei, et al. Low-potential photoelectrochemical biosensing using porphyrin functionalized TiO_2 nanoparticles[J].Anal. Chem,2010,82：8711-8716.

[15] W.W. Zhao, J. Wang, J.J. Xu, et al. Energy transfer between CdS quantum dots and Au nanoparticles in photoelectrochemical detection[J].Chem. Commun,2011,47：10990-10992.

[16] Q.M. Shen, X.M. Zhao, S.W. Zhou, et al. ZnO/CdS hierarchical nanospheres for photoelectrochemical sensing of Cu（2+）[J].Phys. Chem, C 2011,115：17958-17964.

[17] J. Tanne, D. Schäfer, W. Khalid, et al. Light-controlled

bioelectrochemical sensor based on CdSe/ZnS quantum dots[J]. Anal. Chem,2011,83: 7778-7785.

[18] X.R. Zhang, Y.Q. Zhao, S.G. Li, et al. Photoelectrochemical biosensor for detection of adenosine triphosphate in the extracts of cancer cells[J]. Chem. Commun,2010,46: 9173-9175.

[19] D. Chen, H. Zhang, X. Li, et al. Biofunctional titania nanotubes for visible-lightactivated photoelectrochemical biosensing[J]. Anal. Chem,2010,82: 2253-2261.

[20] W. Lu, G. Wang, Y. Jin, et al. Label-free photoelectrochemical strategy for hairpin DNA hybridization detection on titanium dioxide electrode[J].Appl. Phys. Lett.,2006,89: 263902.

[21] W.W. Zhao, X.Y. Dong, et al. Immunogold labeling induced synergy effect for amplifified photoelectrochemical immunoassay of prostate-specifific antigen[J]. Chem. Commun.,2012,48: 5253-5255.

[22] W.W. Zhao, Z.Y. Ma, D.Y. Yan, et al. In situ enzymatic ascorbic acid production as electron donor for CdS quantum dots equipped TiO_2 nanotubes: a general and effificient approach for new photoelectrochemical immunoassay[J]. Anal. Chem.,2012,8410518-10521.

[23] W.W. Zhao, Z.Y. Ma, P.P. Yu, et al. Highly sensitive photoelec trochemical immunoassay with enhanced amplification using horseradish peroxidase induced biocatalytic precipitation on a CdS quantum dots multilayer electrode[J]. Anal. Chem.,2012,84: 917-923.

[24] P. Wang, J.P. Lei, M.Q. Su, et al. Highly efficient visual detection of trace copper (Ⅱ) and protein by the quantum photoelectric effect[J].Anal. Chem.,2013,85: 8735-8740.

[25] P. Wang, X.Y. Ma, M.Q. Su, et al. Cathode photoelectrochemical sensing of copper (Ⅱ) based on analyte- induced formation of exciton trapping[J]. Chem. Commun.,2012,48: 10216-10218.

[26] G. Wen, H. Ju. Ultrasensitive photoelectrochemical immunoassay through tag induced exciton trapping[J]. Talanta,2015,

134: 496-500.

[27] G.L. Wang, P.P. Yu, J.J. Xu, et al. A label-free photoelectrochemical immunosensor based on water-soluble CdS quantum dots[J]. Phys. Chem. C, 2009, 113: 11142-11148.

[28] W.S. Qu, Y.Y. Liu, D.B. Liu, et al. Copper-mediated amplification allows readout of immunoassays by the naked eye[J]. Angew. Chem. Int. Ed., 2011, 50: 3442-3445.

[29] L.X. Cheng, X. Liu, J.P. Lei, et al. Low-potential electrochemiluminescent sensing based on surface unpassivation of CdTe quantum dots and competition of analyte cation to stabilizer[J]. Anal. Chem., 2010, 82: 3359-3364.

[30] A.M. Smith, S. Nie. Semiconductor nanocrystals: structure, properties, and band gap engineering[J]. Acc. Chem. Res., 2010, 43: 190-200.

[31] W.S. Qu, Y.Y. Liu, D.B. Liu, et al. Copper-mediated amplification allows readout of immunoassays by the naked Eye[J]. Angew. Chem. Int. Ed., 2011, 50: 3442-3445.

[32] T. Hirai, Y. Bando, I. Komasawa. Immobilization of CdS nanoparticles formed in reverse micelles onto alumina particles and their photocatalytic properties[J]. Phys. Chem. B, 2002, 106: 8967-8970.

[33] G.J. Ma, H.J. Yan, J.Y. Shi, et al. Direct splitting of H_2S into H_2 and S on CdS-based photocatalyst under visible light irradiation[J]. Catal., 2008, 260: 134-140.

[34] Z. Zhou, J. Zhou, J. Chen, et al. Carcino-embryonic antigen detection based on fluorescence resonance energy transfer between quantum dots and graphene oxide[J]. Biosens. Bioelectron, 2014, 59: 397-403.

[35] X. Chen, Z. Ma. Multiplexed electrochemical immunoassay of biomarkers using chitosan nanocomposites[J]. Biosens. Bioelectron., 2014, 55: 343-349.

[36] J. Hou, T. Liu, G. Lin, et al. Development of an immunomagnetic bead-based time-resolved fluorescence immunoassay for

rapid determination of levels of carcinoembryonic antigen in human serum[J]. Anal. Chim. Acta ,2012,734: 93-98.

[37] Z. Li, Q. Zhang, L. Zhao, et al. Micro-plate magnetic chemiluminescence immunoassay and its applications in carcinoembryonic antigen analysis[J]. Science China Chem.,2010,53 : 812-819.

[38] Q. Yu, X. Wang, Y. Duan. Capillary-based three-dimensional immunosensor assembly for high-performance detection of carcinoembryonic antigen using laserinduced fluorescence spectrometry[J]. Anal. Chem. ,2014,86: 1518-1524.

[39] L. Zhu, L. Xu, N. Jia, et al. Electrochemical immunoassay for carcinoembryonic antigen using gold nanoparticle-graphene composite modified glass carbon electrode[J]. Talanta ,2013,116 : 809-815.

第 9 章 基于 CdTe 量子点并伴随非酶促级联放大的光电化学 DNA 传感器

9.1 引 言

随着人类基因组计划的完成,功能基因研究的深入,基因诊断已成为分子生物学和生物医学的重要研究领域。特定序列 DNA 的含量检测在基因分析、疾病诊断、食品污染、法医鉴定和环境监测等领域有着十分重要的作用。DNA 传感器是在传感界面上固定一段已知序列的 DNA 片段作为识别元件,当加入目标 DNA 后,通过碱基互补配对的原则,即腺嘌呤(A)与胸腺嘧啶(T)配对,鸟嘌呤(G)与胞嘧啶(C)配对,与目标 DNA 序列发生杂交反应,而杂交反应前后所产生的变化则可通过转换器转换为可以观察记录的电、光等信号,据此来确定目标 DNA 的浓度。DNA 传感器在许多疾病生物标记物的测定中有重要意义,而且在临床诊断、病原检测、基因治疗等领域已经有广泛的应用。有一部分 DNA 片段结构已经在 DNA 或 RNA 检测中显示出核心功能,如三螺旋分子信标(THMB),G-四链体和一些其他构象的 DNA。近年来,DNA 检测技术发展迅速,包括荧光、比色法、电化学和电化学发光。一般来说,这些 DNA 传感技术已经有许多进步的地方,但也存在很多缺点,如有限的灵敏度,检测设备复杂,成本高,程序耗时久。除此之外,还由于实际样品中不仅待测的目标 DNA 序列含量很低,而且样品成分复杂,因此,高灵敏度和高特异性成为 DNA 检测的重要目标。

光电化学(PEC)分析方法已经应用于 DNA 检测中,这种高通量生物分析方法因其潜在优点得到广泛的重视,如:高灵敏度,低背景信号,简单,便携,低成本。然而,光电化学 DNA 传感器存在限制信号放大的缺点,导致检测浓度的线性范围较窄,得到的检出限也令人不是很满意。因此如何放大检测信号一直是光电化学 DNA 传感的研究热点,近年来,很多研究人员通过引进酶促反应来放大达到检测目的。除了蛋白质酶,人们还发现特定结构的 DNA 在一定条件下具有酶的性质,即功能核酸 DNA 酶。例如 G 四链体结构结合血红素(hemin)后具有辣根过氧化物酶的活性,并且在生命分析中有着广泛的应用。但是,非酶促反应引起的信号放大更具吸引力,尤其是熵驱动催化,它能够放置指定的序列来催化释放特定的寡核苷酸,为灵敏的 DNA 检测提供放大电流信号。DNA 识别组装就是一种非酶促诱导信号放大的方法,而其中最常用的就是 DNA 链取代反应,它可以控制 DNA 的反应过程,组装形成不同的结构。其基本原理如图 9-1 所示,两条互补的 DNA 形成双链,且其中的一条在末端有几个暴露的碱基作为"支点",加入的取代链的一端能够和"支点"的碱基互补配对,然后通过迁移形成双链,并取代出另一条链。通过合理的设计将"支点"进行封闭,然后通过外部刺激,使"支点"暴露出来,从而激发链取代反应的进行。

CdTe QD 光吸收系数很高大于 $10^4 cm^{-1}$,带隙也非常窄为 1.5 eV,与太阳辐射光谱的范围大致匹配,因此,CdTe QD 是很好的光电活性材料。

本章实验通过引入了 CdTe QD 标记的 DNA(S-QD)使熵驱动的催化体系进一步发展,实现级联放大光电流响应用于 DNA 检测。原理如图 9-2 所示,在这个体系中,磁珠(MB)标记的生物素化序列 B 与 S-QD 序列和辅助序列 P 通过杂交固定形成亚稳结构,将其作为识别探针。在目标 DNA 存在时,可通过末端几个暴露的碱基作为"支点",目标 DNA 迁移取代 S-QD 序列,从而使这个亚稳结构释放出 S-QD,形成 P-目标-B 结合物。进一步,在设计链(H)的帮助下,同样通过暴露碱基作为"支点",加入的 H 与形成的 P-目标-B 结合物反应,形成的 B-P-H 和目标,可以自动分解,从而再次释放目标 DNA。这样,循环触发形成级联放大反应。因此,只要有少量目标 DNA 存在就会与亚稳态探针结合,在这个循环中就会大量释放 S-QD。在磁场中,释放出的 S-QD 可以

第 9 章　基于 CdTe 量子点并伴随非酶促级联放大的光电化学 DNA 传感器

轻易地从反应混合物中分离,覆盖到氟掺杂的氧化锡(FTO)电极,导致的光电化学信号响应。光电流强度随释放的 S-QD 浓度的增加而增强。这种通过 CdTe QD 引起光电化学响应的检测效果优良,在 DNA 分析中拥有无限的发展潜能。

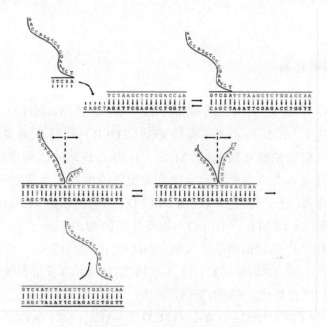

图 9-1　基于支点迁移的 DNA 链取代

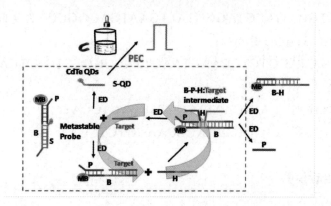

图 9-2　基于量子点材料构建非酶级联放大的超敏感光电化学 DNA 传感器的示意图,ED 表示熵驱动的过程

9.2 实验部分

9.2.1 实验药品

FTO 导电玻璃片、硝酸镉、二甲基亚砜（DMSO）、亚碲酸钠（Na_2TeO_3）、三(2-羧乙基)膦盐酸盐（TCEP）、3-马来酰亚胺基苯甲酸-N-羟基琥珀酰亚胺基酯（MBS）、4-羟乙基哌嗪乙磺酸（HEPES）、考马斯亮蓝 R-250 染色均购自南京橄榄枝的生物技术有限公司。超滤离心过滤器(分子量为 10 kD 和 100 kD)和超纯水由 Millipore 水纯化系统制得（≥ 18 MΩ，Milli-Q），均购自美国 Millipore 公司。磷酸盐缓冲液（PBS）由混合的磷酸二氢钠（NaH_2PO_4）和磷酸氢二钠（Na_2HPO_4）溶液制备。所有 DNA 均购自生工生物工程(上海)股份有限公司，通过高效液相色谱纯化，序列如下所示：

P: CTTTCCTACACCTACGTCTCCAACTAACTTACGG；

S: HS-CCACATACATCATATTCCCTCATTCAATACCCTACG；

B: TGGAGACGTAGGGTATTGAATGAGGGCCGTAAGTTAGTTGGAGACGTAGG-Biotin；

H: CCTACGTCTCCAACTAACTTACGGCCCTCATTCAATACCCTACG；

目标序列：CATTCAATACCCTACGTCTCCA；

错配序列：CATTCAATACCCAACGTCTCCA。

9.2.2 实验仪器

光电流的记录由 CHI-660D 电化学工作站（CHI，USA）完成，使用三电极体系完成电化学检测，即 FTO 作工作电极，Ag/AgCl 电极作参比电极，铂丝电极作对电极。500 W 的氙灯作为激发光源。Nanodrop-

第9章 基于CdTe量子点并伴随非酶促级联放大的光电化学DNA传感器

2000C光谱仪(Nanodrop,USA)和酶标仪(BioTek,USA)上获得紫外可见光谱。电泳仪(伯乐,USA)以及生物成像系统(伯乐,USA)完成聚丙烯酰胺凝胶电泳(PAGE)分析。透射电子显微镜照片由JEM-2100透射电子显微镜(TEM)(JEOL,Japan)拍摄得到。

9.2.3 CdTe QD与DNA结合

水溶性CdTe QDs的合成方法是在之前报道的合成方法[27]基础上稍加修改得到的。在三颈烧瓶中加入20 mL含有0.60 mmol $CdCl_2$ 和1.02 mmol的3-巯基丙酸(MPA)的溶液。在搅拌条件下,用NaOH将pH值调节为11.8。通入高纯度的 N_2 直到溶液达到饱和除尽 O_2 后,依次加入120 mg的 $NaBH_4$ 和0.06 mmol Na_2TeO_3,Cd^{2+} : Te^{2-} : MPA的摩尔比为:1 : 0.1 : 1.7。将混合液加热到100℃回流6 h,在 N_2 环境下得到最初的CdTeQDs溶液。然后对制备溶液进行离心后重新分散至300 mL水中,获得实验用溶液。

制备S-QD:分别取之前制备100 μL CdTeQDs溶液和100 μL含有20 μmol/L硫醇化的S序列、20 mmol/L EDC和10 mmol/L NHS,混合在pH为7.0的PBS(含氯化钠150 mmol/L、20 mmol/L EDTA)中,在黑暗条件下,搅拌放置一晚。没有形成结合物的DNA用100 kD的微孔超滤装置在10 000 rpm转速下超滤10 min后分离除去。得到的结合物,用PBS缓冲液清洗三次获得S-QD,使用前将其放置在4℃环境下保存。

9.2.4 聚丙烯酰胺凝胶电泳和考马斯亮蓝分析

应用已经发表的聚丙烯酰胺凝胶电泳和考马斯亮蓝分析的传统方法[29,31,32]。12%的聚丙烯酰胺凝胶使用5×TBE缓冲液制备。样品由7 μL目标DNA、1.5 μL 6×的上样缓冲液和1.5 μL UltraPower染料混合而成。为了使染料与DNA结合充分,在加入聚丙烯酰胺水凝胶前,将上述样品放置2.5 min。100 V电压下运行1.5 h后,合成板用紫外线照射并用凝胶成像拍照记录。电泳后,在比例为21 : 24 : 5的甲醇、蒸馏水和乙酸染色液中,用0.025%(W/V)考马斯亮蓝R-250染料将凝胶染色 1 h,然后,在含有 5% 甲醇和 7% 乙酸的脱色液中,脱色 5 h。

9.2.5 功能性探针的制备

1.25 mL 4 mg/mL MB 悬浮液用于制备探针。离心 MB 悬浮液,分别用含有 0.5 mol/L NaCl 的 5 mL 20 mmol/L pH 为 8 的 Tris-HCl 缓冲液清洗三次。生物素化的 B,PDNA 序列(分别为 500 μL,10μmol/L)和 500 μL S-QD 序列溶液加入 MB 悬浮液之后,然后在室温下孵育 1 h。除去上清液后得到探针,并用含有 150 mmol/L NaCl 的 5 mL 0.1 mmol/L pH 为 7 的 HEPES(5 mL 0.1 mM)洗涤三次。由此获得的亚稳功能探针 B-S-QD-P 结合物重新悬浮于 4 mL HEPES 中。

9.2.6 检测目标 DNA

将 10 μL 的目标 DNA 溶液和等体积的含有 80 μL 亚稳态探针的样品溶液混合,再加入 10 μL 10 μmol/L H,产生的混合液在室温下孵育 1 h。通过磁珠分离后,10 μL 分离溶液滴加到 FTO 电极上,在 37℃下干燥 20 min。在标记有 CdTe QD 目标 DNA S-QD 能够覆盖在 FTO 表面,导致 PEC 电极功能化,产生响应光电流。在波长为 405 nm,强度为 50 W/m^{-2} 的光照强度,10 mL pH 为 7 的 PBS 中,-0.2 V 的外加电压下,完成光电化学检测。

9.3 结果与讨论

9.3.1 光电传感机理

如图 9-3 为 S-QD 在 FTO 电极表面产生光电流的原理示意图。在光激发下,未钝化的 S-QDS 表面具有较低水平的表面能和窄带隙,导致电子容易转移,形成激子,电解液中溶解的 O_2 可以接受量子点导带上带负电荷的电子,这样有助于电子-空穴对的分离。电极给出电子填补空穴，降低电子-空穴对复合几率，产生敏感的光电响应。

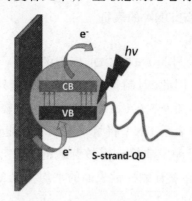

图 9-3　S-QD 在 FTO 电极表面产生光电流的示意图

9.3.2 CdTe QDs 的表征

图 9-4（A）、(B)分别是合成的 CdTe QDs 的高分辨率透射电镜（HRTEM）图像和紫外（UV）吸收及荧光光谱。如图 9-4（A）所示，CdTe 量子点具有清晰的晶格条纹，平均尺寸约为 3.7 nm。图 9-4（B）黑色线为紫外-可见吸收光谱，图中显示在 650 nm 附近出现肩峰，表明合成的 CdTe 量子点在可见光区有较好的吸收。图 9-4（B）蓝色线为荧光光谱，在激发波长为 505 nm 时，CdTe QDs 在 660 nm 处出现荧光发射峰。

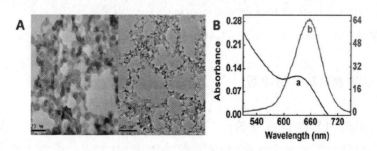

图 9-4　合成的 CdTe QDs 的高分辨率透射电镜（HRTEM）图像和紫外（UV）吸收及荧光光谱

（A）制备的 CdTe QDs 在不同放大倍数下的图像；

（B）CdTe QDs 的紫外-可见（a）和荧光（B）光谱

（Absorbance：吸光度；Wavelength：波长）

9.3.3 CdTe QDs 标记 DNA 的表征

光电化学检测信号是 CdTe QDs 标记的 DNA（S-QD）在 FTO 电极表面作用产生的。因此，对制备的 S-QD 进行紫外-可见吸收光谱和荧光光谱的表征。对图 9-5（A）中 1 和 2 进行比较发现，在 260 nm 处出现一个新的吸收峰表示 DNA 将量子点成功功能化，导致荧光发射的量子产率较低。通过测定非标记寡核苷酸的紫外-可见吸收光谱与原来的吸收比较，估计寡核苷酸探针表面的平均覆盖 3 个量子点。

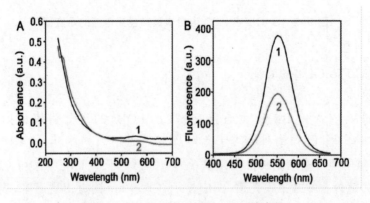

图 9-5　CdTe QDs 标记 DNA 的表征

（A）分别为水溶性 CdTe QDs（1）和 DNA 修饰的 S-QDs（2）的吸收光谱；（B）分别为 CdTe QDs（1）和 DNA 修饰的 S-QDs（2）的发射光谱

（翻译：Absorbance：吸光度；Fluorescence：荧光；Wavelength：波长）

9.3.4 非酶级联放大的证明

为了说明非酶促级联放大的可行性，在 PAGE 中进行，结果显示在图 9-6 中。图中条带 1 到 4 分别表示 B、P、H 和 S。条带 5 显示为 B-P-S 亚稳结合物，具有较大的分子量和颜色较深的扩散。在没有 P 和 S 的情况下，用 H 代替，条带 6 为 B 和 H 形成稳定的结合物。第 7 条带为在 B-P-S 溶液中加入 H，在第 6 条带的同一位置处产生微弱的暗带，表明 B-H 具有更高的稳定性。第 8 条带为在 B-P-S 溶液中加入目标 DNA，代表 B-P-S 复合体的暗带变得更加微弱，这是由于在目标 DNA

存在下，B-S-P 分解的缘故，因此，S 可以被释放。同时，在上述溶液中加入 H 后，与第 7 条带相比，第 8 条带中代表 B-H 的部分变暗，表明目标 DNA 触发循环反应产生大量的 B-H。与其他条带相比，第 7 条带和第 8 条带反映出的结果表明非酶级联放大反应非常成功。上述反应证明了 S-QD 释放路径。

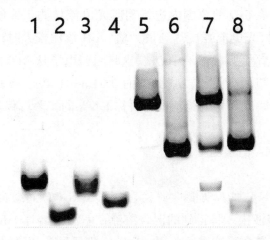

图 9-6 考马斯亮蓝和聚丙烯酰胺凝胶电泳分析级联放大

条带 1 到条带 4 分别表示 B、P、H、S；第 5 条带：B-P-S 亚稳复合物；第 6 条带：B-H 复合物；第 7 条带：B-P-S-H 结合物，第 8 条带：B-P-S-H 与目标 DNA；条带 1~7 中的浓度为 10 mmol/L；条带 8-10 中 B-P-S-H 复合物的浓度为 10 mmol/L，目标 DNA 的浓度为 1 mmol/L。

9.3.5 PEC 传感条件的优化

由于光电流可能受到其他物质干扰，比如带负电的 DNA 链，因此外加电压应该是负的，而且越小越好。Ag/AgC 作对电极，电位在 -0.2 V 至 0.1 V 范围内进行试验。根据实验结果可知，在光照强度为 50 W/m^2 时，电位从 -0.2 V 到 0.1 V 变化时，电位越大反而响应光电流越弱。由此可知 -0.2 V 外加电压引起的光电流响应足够大，可以实现灵敏的 PEC 传感。因此，在此次光电化学非酶促级联放大的 DNA 检测中选择 -0.2 V 作为外加电压。

根据光照强度与响应光电流关系的实验研究可知，在外加电压

为 –0.2 V 的实验条件下,随着光照强度的增强,响应光电流也急剧变大,但在光照强度为 50 W/m^2 时,光电流趋于平稳。因此,选择 50 W/m^2 作为最佳光照强度。

光电流响应也与电解液的 pH 值有关[34-36]。在酸性较强条件中,CdTe QDs 会与 H$^+$ 发生化学反应,很容易分解。因此,在光照强度为 50 W/m^2,pH 值 6~9 的范围内进行响应光电流检测。根据实验结果可知,pH 为 7 时,光电流强度达到最大值。pH 值比较大时,暴露在 CdTe QDs 表面的 Cd^{2+} 会吸收溶液中 OH$^-$,这将阻碍电子从 QDs 向 O$_2$ 的转移,从而使光电流降低。因此,pH 为 7 的 0.01mol/L PBS 缓冲溶液被始终用于非酶促级联放大光电化学检测目标 DNA 的实验过程。

9.3.6 目标 DNA 的检测

将目标 DNA 加入功能性亚稳态探针 B-S-QD-P 结合物和辅助序列 H 的混合溶液中。将得到的混合溶液在室温下孵育 1 h,然后应用磁珠分离技术对混合溶液进行分离。MB 一般都具有超强的顺磁性,在磁场中能够迅速聚集,离开磁场后又可以均匀分散。MB 具有较小的合适粒径,这样就可以保证足够强的磁响应性而且还不会沉降。MB 还有丰富的表面活性基团,可以和生物素化的物质偶联,还能在外磁场的作用下实现与待测样品的有效分离。生物素化的 B 序列与磁珠发生耦合,那么最后反应生成的 B-H 结合物就可以与 S-QD 发生分离。取 10 μL 得到的含有 S-QD 的溶液滴加到 FTO 电极。将电极在 37℃下干燥 20 min,在 10 mL pH 为 7 的 PBS 中进行 PEC 检测。如图 9-7(A)所示,目标 DNA 的浓度从 1 pmol/L 增加到 50 nmol/L 的过程中,光电流强度也随之增大。图 9-7(B)是以 I_p 为纵坐标,目标 DNA 浓度的对数值为横坐标,得到的良好的线性关系,通过计算得出该方法的检出限为 0.76 pmol/L。非酶促级联放大利用 CdTe QDs 引起光电流的光电化学传感方法来检测目标 DNA 的检出限比基于金纳米聚集利用 Hemin/G-四链体 DNA 酶的方法低了两个数量级,与基于酶调节 pH 结合 DNA 组装放大的比色方法的检出限相似。

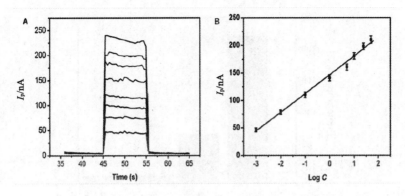

图 9-7　目标 DNA 的检测

（A）曲线从下到上分别表示 S-QD/FTO 电极在目标 DNA 浓度为 0.001，0.01，0.1，1，5，10，25，50 nmol/L 时的响应光电流大小；（B）光电流强度与目标 DNA 浓度对数值的线性关系图

（Time：时间）

9.3.7　传感器的选择性

对目标 DNA 进行检测时，难免存在与目标 DNA 序列相似的 DNA，因此，所设计的光电化学 DNA 传感器对目标 DNA 有良好的选择性才能使得本研究内容有意义，否则，将毫无价值。所以，对传感器选择性的测试实验必不可少。

图 9-8 是对检测三种不同 DNA 序列（b、c、d）与目标 DNA（a）产生光电流强度的比较，说明非酶促级联放大利用 CdTe QDs 引起光电流来检测目标 DNA 的光电化学传感方法具有很好选择性。与空白对照实验相比，完全互补的目标 DNA 发生最大光电流响应，而单碱基错配 DNA 序列只产生 30% 的光电流强度。以上实验结果均表明，该方法具有很好的区分完全匹配和错配 DNA 的能力，显示出十分优异的性能。

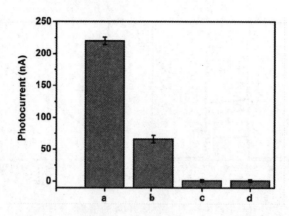

图9-8 在不同反应物存在时产生的光电流强度

（a）50 pmol/L 目标 DNA；（b）500 pmol/L 碱基错配 DNA；
（c）500 pmol/L 非互补 DNA 序列和；（d）空白对照（分别进行三个独立测量）
（photocurrent：光电流）

9.4 结 论

本章提出一种新型的利用 CdTe QDs 引起光电流响应并伴随非酶促级联放大反应对目标 DNA 完成灵敏检测的光电化学传感方法。通过目标 DNA 触发的循环反应，释放 S-QD 信号源，并用磁分离法将其分离。在优化条件下，该光电化学传感方法表现出对目标 DNA 的灵敏响应。此外，基于非酶促级联放大反应，并利用 CdTe QDs 引起光电流响应检测目标 DNA 的光电化学传感方法还具有较宽的浓度检测范围，很低的检出限，以及十分理想的对目标 DNA 的选择性。

通过将 S-QD 标记到不同的目标物质上，这种光电化学方法还可以扩展到对其他目标物的检测中。而且，磁分离方法操作方便、速度快，性能优良，在科研实验中具有广阔的应用前景。

参考文献

[1] Furst A, Landefeld S, Hill M G, et al.Electrochemical Patterning and Detection of DNA Arrays on a Two-Electrode Platform[J].Journal of the American Chemical Society,2013,135(51): 19099-19102.

[2] Cai Z, Chen Y, Lin C, et al.A dual-signal amplification method for the DNA detection based on exonuclease Ⅲ [J].Biosensors & Bioelectronics,2014,61: 370-373.

[3] Seitz R O .Triplex Molecular Beacons as Modular Probes for DNA Detection[J].Angewandte Chemie,2007,46（27）.

[4] Gao Y, Li B .G-Quadruplex DNAzyme-Based Chemiluminescence Biosensing Strategy for Ultrasensitive DNA Detection: Combination of Exonuclease Ⅲ -Assisted Signal Amplification and Carbon Nanotubes-Assisted Background Reducing[J].Analytical Chemistry,2013,85（23）: 11494-11500.

[5] Lu C H, Wang F, Willner I .Zn^{2+}-Ligation DNAzyme-Driven Enzymatic and Nonenzymatic Cascades for the Amplified Detection of DNA[J].Journal of the American Chemical Society,2012,134（25）: 10651-10658.

[6] Dai, Pan-Pan, Hao, et al.A dual target-recycling amplification strategy for sensitive detection of microRNAs based on duplex-specific nuclease and catalytic hairpin assembly[J].Chemical communications, 2015,51（70）: 13504-13507.

[7] Hu R, Liu T, Zhang X B, et al.Multicolor fluorescent biosensor for multiplexed detection of DNA.[J].Analytical Chemistry,2014,86（10）: 5009-5016.

[8] Kong R M, Song Z L, Meng H M, et al.A label-free electrochemical biosensor for highly sensitive and selective detection of DNA via a dual-amplified strategy[J].Biosensors & Bioelectronics,2014,54C（Complete）: 442-447.

[9] Zhu Y, Zhao B, Li L, et al.Quenching of the Electrochemiluminescence of Tris（2,2'-bipyridine）ruthenium（II）by Caffeic Acid[J].Analytical Letters,2010,43（13）: 2105-2113.

[10] Wang G L, Xu J J, Chen H Y, et al.Label-free photoelectrochemical immunoassay for α-fetoprotein detection based on TiO2/CdS hybrid[J].Biosensors & Bioelectronics,2009,25（4）: 791-796.

[11] Lin X, Zhou Y, Zhang J, et al.Enhancement of artemisinin content in tetraploid Artemisia annua plants by modulating the expression of genes in artemisinin biosynthetic pathway[J].Biotechnology and Applied Biochemistry,2011.

[12] Hao N, Zhang Y, Zhong H, et al.Design of a Dual Channel Self-Reference Photoelectrochemical Biosensor[J].Analytical Chemistry,2017: acs.analchem.7b03132.

[13] Liang M, Liu S, Wei M, et al.Photoelectrochemical Oxidation of DNA by Ruthenium Tris（bipyridine）on a Tin Oxide Nanoparticle Electrode[J].Analytical Chemistry,2006,78（2）: 621-623.

[14] Haddour N, Chauvin, Jér me, Gondran C, et al.Photoelectrochemical immunosensor for label-free detection and quantification of anti-cholera toxin antibody[J].Journal of the American Chemical Society, 2006, 128（30）: 9693-9698.

[15] Dirks R M, Pierce N A .Triggered amplification by hybridization chain reaction[J].Proceedings of the National Academy of Sciences of the United States of America,2004,101（43）: 15275-15278.

[16] Jin, Huang, Dr, et al.Pyrene-Excimer Probes Based on the Hybridization Chain Reaction for the Detection of Nucleic Acids in Complex Biological Fluids[J].Angewandte Chemie International Edition,2011.

[17] Chen X J, Cai J C, Zhang Z H, et al.Investigation of removal of Pb（Ⅱ）and Hg（Ⅱ）by a novel cross-linked chitosan-poly（aspartic acid）chelating resin containing disulfide bond[J].Colloid and Polymer Science, 2014, 292（9）: 2157-2172.

[18] Li B, Jiang Y, Chen X, et al.Probing Spatial Organization of DNA Strands Using Enzyme-Free Hairpin Assembly Circuits[J].Journal of the American Chemical Society,2012,134（34）: 13918-13921.

[19] Wu C, Cansiz S, Zhang L, et al.A Nonenzymatic Hairpin DNA Cascade Reaction Provides High Signal Gain of mRNA Imaging inside Live Cells[J].Nature,2008,451: 318-323.

[20] Zhan D Z, Turberfield, Andrew J, et al.Engineering Entropy-Driven Reactions and Networks Catalyzed by DNA[J].Science,2007, 318,1121-1125.

[21] Guo Y, Yang K, Sun J, et al.A pH-responsive colorimetric strategy for DNA detection by acetylcholinesterase catalyzed hydrolysis and cascade amplification[J].Biosensors & Bioelectronics,2017,94: 651-656.

[22] Zhan D Z, Turberfield, Andrew J, et al.Engineering Entropy-Driven Reactions and Networks Catalyzed by DNA[J].Science,2007, 318,1121-1125.

[23] Guo Y, Yang K, Sun J, et al.A pH-responsive colorimetric strategy for DNA detection by acetylcholinesterase catalyzed hydrolysis and cascade amplification[J].Biosensors & Bioelectronics,2017,94: 651-656.

[24] Zhao Y Z, Sun C Z, Lu C T, et al.Characterization and anti-tumor activity of chemical conjugation of doxorubicin in polymeric micelles (DOX-P) in vitro[J].Cancer Letters,2011,311(2):187-194.

[25] Wu Y, Zhang D Y, Yin P, et al.Ultraspecific and Highly Sensitive Nucleic Acid Detection by Integrating a DNA Catalytic Network with a Label-Free Microcavity[J].Small,2014,10(10):2067-2076.

[26] Guo Y, Yang K, Sun J, et al.A pH-responsive colorimetric strategy for DNA detection by acetylcholinesterase catalyzed hydrolysis and cascade amplification[J].Biosensors & Bioelectronics,2017,94:651-656.

[27] O. Söderberg, M. Gullberg, M. Jarvius, K. Ridderstrale, K. Leuchowius, J. Jarvius, K. Wester, P. Hydbring, F. Bahram, L. G. Larsson and U. Landegren[J].Nat. Methods,2006,3:995-1000.

[28] Cheng W, Yan F, Ding L, et al.Cascade Signal Amplification Strategy for Subattomolar Protein Detection by Rolling Circle Amplification and Quantum Dots Tagging[J].Analytical Chemistry,2010,82(8):3337-3342.

[29] Wen G, Ju H .Ultrasensitive photoelectrochemical immunoassay through tag induced exciton trapping[J].Talanta,2015,134:496-500.

[30] Wang P, Ma X, Su M, et al.Cathode photoelectrochemical sensing of copper (II) based on analyte-induced formation of exciton trapping[J].Chemical Communications,2012,48(82):10216-10218.

[33] RongfangWang, Wang Y, Feng Q, et al.Synthesis and characterization of cysteamine-CdTe quantum dots via one-step aqueous method[J].Materials Letters,2012,66(1):261-263.

[34] Sharon E, Golub E, Niazov-Elkan A, et al.Analysis of telomerase by the telomeric hemin/G-quadruplex-controlled aggregation of au nanoparticles in the presence of cysteine.[J].Analytical Chemistry, 2014, 86(6):3153-3158.

[35] Yang X H, Sun S, Liu P, et al. A novel fluorescent detection for PDGF-BB based on dsDNA-templated copper nanoparticles[J]. 中国化学快报:英文版, 2014（1）: 6.

第 10 章 基于激子俘获的光电化学传感器检测 Hg^{2+}

10.1 引 言

汞离子(Hg^{2+})是无机汞中最稳定和最有毒的形式,在重要的器官和组织中会逐渐积累。因此,监测 Hg^{2+} 在许多研究领域中都非常重要。其中基于有机发色团或荧光团、共轭聚合物、寡核苷酸、DNA 酶、蛋白质、薄膜和纳米颗粒(NPs)而制造出各种传感器用于检测 Hg^{2+}。然而,在这些方法中,大多数在灵敏度、选择性和简便性方面都有局限性,或者对于灵敏度测定需要电子读出系统。因此,仍然非常需要开发一种检测系统,该检测系统不仅简单,而且实用,并且在操作上成本低。

作为一种新开发的方法,光电化学(PEC)分析法引起了许多研究领域的兴趣,例如太阳能电池、环境监测和生物分析等。由于激发和检测是分步进行的,PEC 策略具有许多优点,与电化学发光和电化学传感器相比,具有背景低、电势低的特点。另外,与光学检测方法相比,电化学检测仪器更简单,成本更低,且易于微型化。纳米材料的出现也为 PEC 传感器的发展提供了新的前景。纳米材料具有优异的荧光和电化学发光特性,其中量子点(QDs)还是重要的光电化学活性材料,其最显著的特性是具有高的光电转换效率,具有尺寸依赖性的光电化学响应信号以及单个光子产生多个电荷载流子等特点。因此,基于 QDs 的 PEC

测定法也越来越受到关注。例如,基于光照射的 CdS QDs 产生的空穴与乙酰胆碱酯酶底物之间的反应,开发了第一个 PEC 生物传感器用于检测酶抑制剂的例子。使用三乙醇胺作为电子供体,CdS QDs 被用作标记物检测 PEC 酪氨酸酶活性,该方法灵敏度高于电化学检测。研究小组发现抗坏血酸可以在温和的溶液介质下用作高效的电子供体,因此,利用抗坏血酸为电子供体的基础上,开发了高灵敏且无需标记的免疫传感器。

与阳极 PEC 感应相比,阴极感应具有以下优势:不需要添加电子供体,且对生物样品中共存的还原剂的抗干扰能力更强。该技术拓展了传感器的应用。与阳极光电流不同的产生机理也可用于设计 PEC 策略。然而,传统的 PEC 基底(例如 TiO_2,ZnO 和 CdS)由于其高还原超电势而未被用作制备 PEC 传感器和太阳能设备的阴极材料。相比之下,CdTe 量子点被认为是 PEC 传感器的理想材料。之前的工作观察到在相对较低的还原超电势下,内消旋 2,3-二硫基琥珀酸的 CdTe 量子点(DMSA-CdTe QDs)的强阴极电化学发光(ECL)现象,并得出结论,未钝化的 QDs 产生了低表面能级和窄带隙,使表面电子转移更容易。在光激发下,电子转移导致激子的形成。然后,激子将带负电的电子释放到空导带中,并在价带中留下空穴。基于以上原理设计了阴极 PEC 策略,在该方法中分析物作为电子给体,抑制电荷复合,从而提高了光电转换效率。

激子的形成和淬灭都取决于量子点的表面状态。本章中通过 DMSA-CdTe QDs 上金属离子与二硫醇稳定剂之间的竞争作用,以形成表面激子俘获并随后改变表面状态。以 Hg^{2+} 为分析物,通过分析物诱导的激子俘获位点,从而降低了阴极光电流,因此建立了痕量 Hg^{2+} 检测的灵敏方法。我们提出的方法在 6 个数量级宽范围内显示出良好的分析性能,可推广到许多其他电子供体的分析。

10.2 实 验

10.2.1 化学试剂

2,3-二巯基琥珀酸（DMSA）CdCl$_2$·2.5H$_2$O 和碲棒（直径 4 mm）。乙酸自上海新培精细化工有限公司（中国上海）。所有其他化学品均为分析纯。用 Milli-Q 净水系统（美国马萨诸塞州贝德福德的 Millipore）超电阻纯水制备水溶液，电阻率高于 18 MΩ·cm。使用 0.010 mol/L（pH 6.0）H$_3$BO$_3$-Na$_2$B$_4$O$_7$ 缓冲液作为电解质。高纯度氮气（N$_2$）用于合成量子点。

10.2.2 仪器

使用 JEOL JEM-2100 TEM 仪器（日本东京）获得透射电子显微照片（TEM）。DMSA-CdTe 量子点的合成和伏安法实验是在 CHI 660D 电化学工作站（美国得克萨斯州奥斯汀的 CH 仪器公司）上进行的。PEC 检测是在强度调制光度计（德国克罗纳赫的 Zahner-Elektrik GmbH & Co. KG）上以 LW405 LED 灯作为辅助光源进行的。所有实验均在室温下使用常规三电极系统进行，其中改良的氟掺杂氧化锡（FTO）电极（直径 0.50 cm）作为工作电极，铂丝作为辅助电极，饱和甘汞电极（SCE）作为参比电极。

10.2.3 DMSA–CdTe 量子点的合成

DMSA-CdTe 量子点通过以前报道的使用 CHI 660D 电化学工作站电解方法合成。首先，将 6.5 mg DMSA，200 μL 1 mol/L NaOH 和 120 μL 0.10 mol/L CdCl$_2$ 依次添加到 20 mL 水中。用 N$_2$ 气流吹扫 20 min 后，通过在 Te 电极上施加 –1.0 V（vs. SCE）的恒定电势直至达到 0.5 C

的电荷,将该溶液用作电解质。在电解过程中,用 N_2 连续吹扫溶液。将所得溶液在 50 ℃ 回流 24 h 后,添加等体积的异丙醇,并将混合物以 8 000 rpm 离心 5 min。将获得的沉淀物用异丙醇和水 1∶1 混合物洗涤,然后重新溶解在 20 mL 的水中。使用前,将 DMSA-CdTe QDs 保存在 4 ℃。储存 2 个月后,溶液保持澄清和稳定。

10.2.4 电极的制造和光电化学检测

FTO 电极依次在 0.5 mol/L NaOH 溶液中浸泡 10 min, 在 10% H_2O_2 溶液中浸泡 10 min, 然后在丙酮中浸泡 30 min, 最后用水洗涤并在使用前干燥。然后将 5 μL DMSA-CdTe QDs 浇铸到 FTO 电极上, 并在 37 ℃ 下干燥 20 min, 以获得 DMSA-CdTe QDs 修饰电极。在 405 nm 的光照射下, 在 pH 6.0 BBS 中, 在施加电势为 -0.2 V, 光强度为 50 W·m^{-2} 条件下检测光电流信号。

10.3 结果与讨论

10.3.1 DMSA-CdTe 量子点的 TEM

图 10-1 显示了 DMSA-CdTe 量子点的 TEM。DMSA-CdTe QDs 膜展现出形态均匀的层结构,其聚集体尺寸小于 4~6 nm。分散和均匀的表面结构有利于提高光电转换效率。

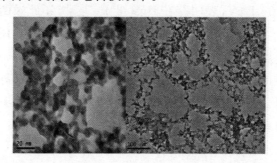

图 10-1　放大后的 DMSA-CdTe QDs 的 TEM 图像

10.3.2 光电化学机理

方案 1 说明了 DMSA-CdTe QDs 的 PEC 机理。在 DMSA-CdTe QDs 的光激发下，在 QDs 表面形成的激子将电子释放到空导带中，随后被 O_2 吸收以产生 O_2^-。量子点的价带中留下的空穴在阴极电势下从 FTO 电极得到电子，从而产生光电流。但是，Hg^{2+} 存在时，DMSA-CdTe QDs 修饰的 FTO 电极的阴极光电流会急剧下降。这可以用 QDs 中 DMSA 分子中 S 原子在 Hg^{2+} 和 Cd^{2+} 之间的竞争来解释，因为 HgS 的溶解度乘积常数（2.0×10^{-53}）比 CdS 的溶解度乘积常数（1.40×10^{-29}）小得多，表明汞和硫原子之间的金属 S 键比镉和硫原子的金属 S 键更强。Hg^{2+} 和 S 相互作用破坏了 DMSA 和 CdTe 之间的原始 Cd S 键，从而导致了 QDs 的部分分解。此外，Hg^{2+} 和 S 原子之间的相互作用导致 Hg^{2+} 的部分还原，为形成激子俘获提供了基础。其原理可由 X 射线光电子能谱（XPS）证明。

10.3.3 XPS

可以通过 XPS 测量证明 DMSA-CdTe QDs 表面 Hg^{2+} 的减少和激子俘获的形成。QDs 的 Cd 3d 和 Te 3d XPS 的 Cd∶Te 摩尔比约为 8∶1，这表明 QDs 表面的大多数 Cd^{2+} 离子是通过硫醇配体而不是 Te 原子稳定的。将 Hg^{2+} 加入到 QDs 溶液中后，该比例变为 3.4∶1，这表明更多的 Te^{2-} 离子被暴露，Hg^{2+} 被捕获在 CdTe QDs 的表面。此外，在 Hg^{2+} 与 QDs 相互作用后，Hg 4f 的结合能分成两个部分，其峰值分别为 100.2 eV 和 104.1 eV，表明存在 Hg（Ⅱ）。通常，还原汞的形式可以表示为 CdS^+-Hg^+，其中 S 来自 QDs 表面的 DMSA。CdS^+-Hg^+ 的氧化还原发生在量子点的价带和导带之间，导致形成俘获位点。形成的俘获位点阻止了激子的形成，从而阻止了光电子和空穴的形成，导致阴极光电流响应的降低。另外，由于观察到 Te^{2-} 的减少，我们推测 Hg（Ⅱ）转化为 HgTe，这也有助于光电流的减少。

10.3.4 实验条件优化

电解质的 pH 是与光电流响应有关的重要因素。为了研究 pH 值的影响,在 5.0~7.5 范围内的不同 pH 下测量了光电流。如果 pH 值太低,则 QDs 容易分解,光电流响较小。在高 pH 处,Cd^{2+} 暴露在表面缺陷部位会吸附 OH^-,从而阻碍了电子从 QDs 转移到 O_2,降低了光电流。在 pH 为 6.0 时可获得最大的光电流响应。因此,在整个工作过程中,使用了 0.010 mol/L(pH 6.0)H_3BO_3-$Na_2B_4O_7$ 缓冲液。温度的影响在 10~40℃时不显著。为方便操作,在这项工作中选择了室温 25℃为反应温度。将制备好的 DMSA-CdTe QDs 溶液稀释至其原始浓度的一半以制造 DMSA-CdTe QDs 修饰的 FTO 电极时,光电流变小,并且不如原始信号稳定。进一步稀释的 DMSA-CdTe QDs 溶液可能会使光电流更小且不稳定。因此,不利于检测 Hg^{2+}。

10.3.5 汞离子检测

在空气饱和的 H_3BO_3-$Na_2B_4O_7$ 缓冲液的最佳条件下,含 Hg^{2+}(ip)的光电流与不含 Hg^{2+}(io)的光电流之比的对数显示出与 Hg^{2+} 摩尔浓度的对数良好的线性关系。线性范围为 1.0~1.0 mmol/L,信噪比为 3 时的检出限(LOD)为 0.30 nmol/L。线性响应范围比基于 DNA 功能化石墨烯(8~100 nmol/L),季铵基团封端的金纳米粒子(1~600 nmol/L),DNA 功能化的二氧化硅纳米粒子(1~500 nmol/L)和适体功能化的水凝胶微粒(10~200 nmol/L)检测线性响应范围都更宽。LOD 低于 DNA 功能化石墨烯(5 nmol/L),季铵基团封金纳米粒子(30 nmol/L),DNA 功能化二氧化硅纳米粒子(20 nmol/L),适体功能化水凝胶微粒(10 nmol/L),热还原氧化石墨烯修饰功能化的金纳米颗粒(25 nmol/L),分子信标(19 nmol/L)和碳纳米管电导(10 nmol/L)检测的异常响应。

尽管 Kan et al. 报告使用荧光方法检测 Hg(Ⅱ)的最低检出限为 0.4 nmol/L,仅略高于我们的检测限。但是,荧光法的成本比我们的方法高得多,因为荧光法中所需的检测样品量更大。因此,宽线性范围和低 LOD 扩展了我们所提出的方法的实际应用。

10.3.6 Hg^{2+} 传感器的稳定性和准确性

通过在 pH 为 6.0 的 H_3BO_3-$Na_2B_4O_7$ 缓冲液中进行十次连续 PEC 测量,对传感器的稳定性进行了研究,相对标准偏差(RSD)为 0.20%。在 Hg^{2+} 浓度为 0.010 和 1.0 mmol/L 时,PEC 传感器的 RSD 分别为 3.6% 和 5.7%,也证实了该方法具有可接受的准确度。

10.3.7 Hg^{2+} 的选择性检测

通过研究其他一些重金属离子(包括 Zn^{2+}、Cd^{2+}、Pb^{2+}、Fe^{2+}、Co^{2+}、Mn^{2+}、Mg^{2+}、Ca^{2+}、Ba^{2+}、Ni^{2+} 和 Ag^+)对 Hg^{2+} 测定的影响发现,即使在高浓度下,这些重金属离子对 Hg^{2+} 的检测也几乎没有影响,这与以前的报道是一致的。这表明所提出的 PEC 传感器对 Hg^{2+} 具有良好的选择性。但是,Ag^+ 会干扰 Hg^{2+} 的检测。因此,在 PEC 实验之前,必须通过在样品中添加 Br^- 去除 Ag^+。

10.3.8 样品分析

为了验证我们提出的方法的实际应用,使用本 PEC 传感器分析了包括自来水,湖水和河水在内的几种环境水样进行检测。按照一般程序检测了加标后不同浓度的 Hg^{2+} 的样品,重复 3 次。回收率值在 94% ~ 108%,表明来自不同浓度样品的潜在干扰。PEC 传感器分析中水样品的背景成分可以忽略不计。此外,加标水样中 Hg^{2+} 的浓度还通过标准电感耦合等离子体质谱法(ICP-MS)进行了进一步验证。所提出的 PEC 传感器和 ICP-MS 所获得的结果之间没有显著差异,这证实了所开发的 PEC 传感器用于检测 Hg^{2+} 的准确性。我们的结果表明,PEC 传感器可以-完全应用于实际环境样品中的 Hg^{2+} 分析。

10.4 结 论

开发了一种基于激子俘获形成的 PEC 新方法来选择性检测汞离子。在光激发下，分析物可以与 QDs 相互作用，在 QDs 表面形成激子俘获位点，降低了光电转换效率，导致阴极的光电流降低，从而为分析化学提供了一种新的 PEC 方法。所得的 PEC 传感器具有良好的分析性能，线性范围更广，电势低，灵敏度高且具有可接受的精度。它已成功应用于实际样品中的汞离子检测。这项工作为环境和生物学分析应用 PEC 传感策略提出了一条创新而有前景的建议。该检测方法的优异分析性能表明，PEC 传感在即时诊断中具有很大的潜力。

参考文献

[1] T.E. Vo, M.S. Bank, J.P. Shine, S.V. Edwards, Temporal increase in organic mercury in an endangered pelagic seabird assessed by century-old museum specimens[J]. Proc. Natl. Acad. Sci., 2011, 108: 7466-7471.

[2] E.M. Nolan, S.J. Lippard, Tools and tactics for the optical detection of mercuricion[J]. Chem. Rev, 2008, 108: 3443-3480.

[3] L. Prodi, C. Bargossi, M. Montalti, N. Zaccheroni, N. Su, J.S. Bradshaw, R.M. Izatt, P.B. Savage, An effective fluorescent chemosensor for mercury ions[J]. J. Am. Chem. Soc., 2000, 122: 6769-6770.

[4] J.V. Ros-Lis, M.D. Marcos, R. Martinez-Manez, K. Rurack,

J. Soto, A regenerative chemodosimeter based on metal-induced dye formation for the highly selective and sensitive optical determination of Hg^{2+} ions[J]. Angew. Chem. Int.Ed,2005,44: 4405-4407.

[5] S. Yoon, A.E. Albers, A.P. Wong, C.J. Chang, Screening mercury levels in fish with a selective fluorescent chemosensor[J].Am. Chem. Soc.,2005,127: 16030-16031.

[6] K. Harano, S. Hiraoka, M. Shionoya,3 nm-Scale molecular switching between fluorescent coordination capsule and nonfluorescent cage[J]. Am. Chem., Soc,2007,129: 5300-5301.

[7] X. Liu, Y. Tang, L. Wang, J. Zhang, S. Song, C. Fan, S. Wang, Optical detection of mercury (Ⅱ) in aqueous solutions by using conjugated polymers and label-free oligonucleotides[J]. Adv. Mater., 2007,19: 1471-1474.

[8] I.B. Kim, U.H.F. Bunz, Modulating the sensory response of a conjugated polymer by proteins: an agglutination assay for mercury ions in water[J]. Am.Chem. Soc.,2006,128: 2818-2819.

[9] A. Ono, H. Togashi, Highly selective oligonucleotide-based sensor for mercury (Ⅱ) in aqueous solutions[J]. Angew. Chem. Int. Ed,2004,43: 4300-4302.

[10] X. Lou, T. Zhao, J. Ma, Y. Xiao, Self-assembled DNA monolayer buffered dynamic ranges of mercuric electrochemical sensor[J]. Anal. Chem.,2013,85: 7574-7580.

[11] S.V. Wegner, A. Okesli, P. Chen, C.A. He, Design of an emission ratiometric biosensor from MerR family proteins: a sensitive and selective sensor for Hg^{2+}[J]. J. Am. Chem. Soc.,2007,129: 3474-3475.

[12] D. Wen, L. Deng, S.J. Guo, S.J. Dong, Self-powered sensor for trace Hg^{2+} detection[J]. Anal. Chem.,2011,83: 3968-3972.

[13] K.Z. Brainina, N.Y. Stozhko, Z.V. Shalygina, A sensor for the determination of electropositive elements[J]. J. Anal. Chem.,2002,57: 945-949.

[14] E. Palomares, R. Vilar, J.R. Durrant, Heterogeneous colorimetric sensor for mercuric salts[J]. Chem. Commun.,2004,4: 362-363.

[15] J.S. Lee, M.S. Han, C.A. Mirkin, Colorimetric detection of mercuric on (Hg^{2+}) in aqueous media using DNA-functionalized gold nanoparticles[J]. Angew. Chem. Int. Ed.,2007,46: 4093-4096.

[16] H.Z. Sun, H.T. Wei, H. Zhang, Y. Ning, Y. Tang, F. Zhai, B. Yang, Self-assembly of CdTe nanoparticles into dendrite structure: a microsensor to Hg^{2+}[J]. Langmuir,2011,27: 1136-1142.

[17] B.C. Ye, B.C. Ying, Highly sensitive detection of mercury(Ⅱ) ions by fluorescence polarization enhanced by gold nanoparticles[J]. Angew. Chem. Int. Ed.,2008,47: 8386-8389.

[18] J. Lee, H. Jun, J. Kim, Polydiacetylene-liposome microarrays for selective and sensitive mercury (Ⅱ) detection[J]. Adv. Mater., 2009,21: 3674-3677.

[19] S.J. Liu, H.G. Nie, G.L. Shen, R.Q. Yu, Electrochemical sensor for mercury (Ⅱ) based on conformational switch mediated by interstrand cooperative coordination[J]. Anal. Chem.,2009,81: 5724-5730.

[20] H. Li, J. Li, Q. Xu, X. Hu, Poly (3-hexylthiophene)/ TiO_2 nanoparticle-functionalized electrodes for visible light and low potential photoelectrochemical sensing of organophosphorus pesticide chlopyrifos[J]. Anal. Chem.,2011,83: 9681-9686.

[21] W. Tu, Y. Dong, J. Lei, H. Ju, Low-potential photoelectrochemical biosensing using porphyrin-functionalized TiO_2 nanoparticles[J]. Anal. Chem.,2010,82: 8711-8716.

[22] W. Zhao, J. Wang, J. Xu, H. Chen, Energy transfer between CdS quantum dots and Au nanoparticles in photoelectrochemical detection[J]. Chem. Commun.,2011,47: 10990-10992.

[23] Q. Shen, X. Zhao, S. Zhou, W. Hou, J. Zhu, ZnO/CdS hierarchical nanospheres for photoelectrochemical sensing of Cu^{2+}[J]. Phys. Chem. C,2011,115: 17958-17964.

[24] J. Tanne, D. Schäfer, W. Khalid, W.J. Parak, F. Lisdat, Light-controlled bioelectrochemical sensor based on CdSe/ZnS quantum dots[J]. Anal. Chem.,2011,83: 7778-7785.

[25] X. Zhang, Y. Zhao, S. Li, S. Zhang, Photoelec trochemical biosensor for detection of adenosine triphosphate in the extracts of

cancer cells[J]. Chem. Commun.,2010,46: 9173-9175.

[26] D. Chen, H. Zhang, X. Li, J. Li, Biofunctional titania nanotubes for visible-light-activated photoelectrochemical biosensing[J]. Anal. Chem.,2010,82: 2253-2261.

[27] W. Lu, G. Wang, Y. Jin, X. Yao, J. Hu, J. Li, Label-free photoelectrochemical detection of hairpin DNA hybridization on nano-titanium dioxides photo-anode[J]. Appl. Phys. Lett.,2006,89: 263902-263903.

[28] M. Hilczer, M. Tachiya, Unified theory of geminate and bulk electron-hole recombination in organic solar cells[J]. J. Phys. Chem. C, 2010,114: 6808-6813.

[29] Z. Xiong, X. Zhao, Nitrogen-doped titanate-anatase core-shell nanobelts with exposed {1 0 1} anatase facets and enhanced visible light photocatalytic activity[J]. Am. Chem. Soc.,2012,134: 5754-5757.

[30] G.L. Wang, J.J. Xu, H.Y. Chen, Selective detection of trace amount of Cu^{2+} using semiconductor nanoparticles in photoelectrochemical analysis[J]. Nanoscale,2010,2: 1112-1114.

[31] W.J. Wang, L. Bao, J.P. Lei, W.W. Tu, H.X. Ju, Visible light induced photoelectrochemical biosensing based on oxygen-sensitive quantum dots[J].Anal. Chim. Acta,2012,74: 33-38.

[32] X. Liu, L.X. Cheng, J.P. Lei, H.X. Ju, Formation of surface traps on quantum dots by bidentate chelation and their application in low-potential electrochemiluminescent biosensing[J]. Chem. Eur. J., 2010,16: 10764-10770.

[33] L.X. Cheng, X. Liu, J.P. Lei, H.X. Ju, Low-potential electro chemiluminescent sensing based on surface unpassivation of CdTe quantum dots and competition of analyte cation to stabilizer[J]. Anal. Chem.,2010,82: 3359-3364.

[34] A.M. Smith, S. Nie, Semiconductor nanocrystals: structure, properties, and band gap engineering[J]. Acc. Chem. Res.,2010,43: 190-200.

[35] Q. Hao, P. Wang, X.Y. Ma, M.Q. Su, J.P. Lei, H.X. Ju,

Charge recombination suppression-based photoelectrochemical strategy for detection of dopamine[J]. Electrochem. Commun.,2012,21: 39-41.

[36] J.R. Goates, M.B. Gordon, N.D. Faux, Calculated values for the solubility product constants of the metallic sulfides[J].J. Am. Chem. Soc.,1952,74: 835-836.

[37] Y. Chen, Z. Rosenzweig, Luminescent CdS quantum dots as selective ion probes[J]. Anal. Chem.,2002,74: 5132-5138.

[38] Y. Zhang, H. Zhao, Z. Wu, Y. Xue, X. Zhang, Y. He, X. Li, Z. Yuan, A novel graphene-DNA biosensor for selective detection of mercury ions[J].Biosens. Bioelectron.,2013,48: 180-187.

[39] D.B. Liu, W.S. Qu, W.W. Chen, W. Zhang, Z. Wang, X.Y. Jiang, Highly sensitive, colorimetric detection of mercury（Ⅱ）in aqueous media by quaternary ammonium group-capped gold nanoparticles at room temperature[J]. Anal. Chem,2010,82: 9606-9610.

[40] Y.F. Zhang, Q. Yuan, T. Chen, X.B. Zhang, Y. Chen, W.H. Tan, DNA-capped mesoporous silica nanoparticles as an ion-responsive release system to determine the presence of mercury in aqueous solutions[J]. Anal. Chem.,2012,84: 1956-1962.

[41] Y. Helwa, N. Dave, R. Froidevaux, A. Samadi, J.W. Liu, Aptamer-functionalized hydrogel microparticles for fast visual detection of mercury（Ⅱ）and adenosine[J]. ACS Appl. Mater. Interfaces,2012,4: 2228-2233.

[42] K. Chen,G.H. Lu,J.B. Chang,S. Mao,K.H. Yu,S.M. Cui,J.H. Chen, Hg（Ⅱ）Ion detection using thermally reduced graphene oxide decorated with functionalized gold nanoparticles[J]. Anal. Chem., 2012,84: 4057-4062.

[43] M. Stobiecka, A.A. Molinero, A. Chalupa, M. Hepel, Mercury/homocysteine ligation-induced ON/OFF-switching of a T-T mismatch-based oligonucleotide molecular beacon[J]. Anal. Chem, 2012,84: 4970-4978.

[44] T.H. Kim, J. Lee, S. Hong, Highly selective environmental nanosensors based on anomalous response of carbon nanotube

conductance to mercury ions[J]. Phys. Chem. C,2009,113: 19393-19396.

[45] X.W. Kan, Q. Zhao, Z. Zhang, Z.l. Wang, J.J. Zhu, Molecularly imprinted polymers microsphere prepared by precipitation polymerization for hydroquinone recognition[J]. Talanta,2008,75: 22-26.

[46] Y. Tanaka, S. Oda, H. Yamaguchi, Y. Kondo, C. Kojima, A. Ono, 15N-15N J-coupling across Hg(Ⅱ): direct observation of Hg(Ⅱ)-mediated T-T base pairs in a DNA duplex[J]. J. Am. Chem. Soc., 2007,129: 244-245.

第 11 章　标记物诱导激子俘获超灵敏光电化学免疫分析

11.1　引　言

由于血清中肿瘤标志物水平与肿瘤发展阶段息息相关,因此对其高灵敏、准确地测定对临床诊断至关重要。特别是对早期诊断,癌症监测和精准预测起到了至关重要的作用。肿瘤标志物还用以监测患者在诊疗中基本生物学反应过程。作为肿瘤标志物,甲胎蛋白(AFP)是一种胚胎糖蛋白,分子量约为 70 kDa,主要由人胎儿的肝脏、卵黄囊和胃肠道产生。在患有某些恶性肿瘤的成年人的血清中含量很高。成人血浆中 AFP 浓度升高通常被认为是肝癌或内胚窦肿瘤的早期特征。因此,开发一种快速灵敏的 AFP 检测方法在临床研究中具有重要意义。许多常规方法,包括酶联免疫吸附测定(ELISA)、电化学法、电化学发光(ECL)、质谱、石英晶体微天平(QCM)和表面等离子体共振(SPR)免疫测定,已报道用于检测 AFP。这些方法精确度高,但其中一些技术仪器相对复杂、样品量大、灵敏度有限、检测时间长导致临床上花费高昂。因此,开发简单、低成本、高度灵敏的方法来检测生物标志物的含量,以实现临床便捷、高度灵敏的诊断。

PEC 传感是一项新兴技术,在许多领域引起了越来越多的关注,例如环境监测和生物分析[13-21]。由于激发和检测分步进行,PEC 传感方法具有背景低、低电势，与电化学发光分析法相比具有良好的分析性能，并且可以很容易地与常规免疫传感相结合对生物标记物实现高灵敏检测。

基于量子点（QDs）的光电效应，提出了一种"信号开启"用于蛋白质的免疫测定的视觉方法，在光激发下，电子从标记的 QDs 到二级抗体的逸出从而形成氮蓝四唑的不溶还原产物，也有报道称"信号关闭"光电化方法通过分析物诱导激子俘获形成来选择性检测痕量 Cu^{2+}。这项工作进一步将"信号关闭"PEC 方法与夹心型免疫传感策略相结合，通过使用 CuO NPs 标记二级抗体来构建一种简单而灵敏的 PEC 免疫测定方法。如图 11-1 所示，将 CdTe QDs 涂覆在 FTO 电极的表面上以形成 CdTe QDs / FTO 电极，该电极可以通过光致激子过程产生光电流。同时，形成免疫复合物后，CuO NPs 被酸溶解，将得到的 Cu^{2+} 溶液滴在 CdTe QDs / FTO 电极上，诱导激子俘获位点，阻断了光电子的逸出，从而淬灭了 QDs 的光电流。报道中提出的"信号关闭"免疫测定方法表现出良好的性能。它扩展了 PEC 传感策略的应用，在临床诊断和检测低丰度蛋白方面具有广阔的应用前景。

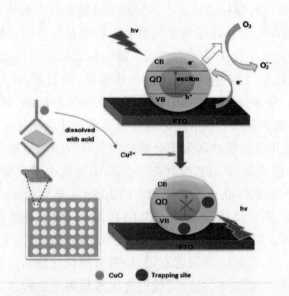

图 11-1　CuO 纳米粒子标记的抗体发生光电化学免疫反应及 CdTe/ITO 电极上 Cu 离子诱导电子捕获原理图

11.2 实验

11.2.1 材料和试剂

2,3-二巯基丁二酸(DMSA)、$CdCl_2·2.5H_2O$ 和 CuO NPs（40 nm）、碲棒（直径 4 mm）、α-甲胎蛋白（AFP）、α-甲胎蛋白抗体、牛血清白蛋白（BSA）。所有其他化学品均为分析纯，无需进一步纯化。整个光电化学（PEC）检测过程中都使用磷酸盐缓冲液（PBS，0.01 mol/L，pH 7.0）。使用从 Millipore 系统（Z18MΩ，Milli-Q，Millipore）获得的超纯水制备所有水溶液。临床血清样品来自江苏省肿瘤医院。

11.2.2 仪器

使用 CHI 660D 电化学工作站（美国 CHI）合成了 DMSA 包覆的 CdTe QDs。PEC 检测在 Zahner 强度调制光谱仪（Zahner，德国）上进行，LW405 LED 灯作为辅助光源。X 射线光电子能谱（XPS）由 PHI5000 VersaProbe X 射线光电子能谱仪（日本 ULVAC-PHI 公司）获得。X 射线源为 Al 靶，施加的功率为 25 W、15 kV。

11.2.3 DMSA 包覆的 CdTe 量子点的合成

DMSA 包覆的 CdTe QDs 使用 CHI 660D 电化学工作站按照以前报告的电解方法合成。首先，将 6.5 mg DMSA，200 μL 1 mol/L NaOH 和 120 μL 0.1 mol/L $CdCl_2$ 依次添加到 20 mL 水中。在用高纯 N_2 鼓吹 20 分钟后，通过在 Te 电极上施加约 1.0 V（以饱和甘汞电极为对照）的恒定电势直至达到 0.5 C 的电荷将该溶液用作电解质。在电解过程中，溶液中不断注入高纯氮气。将所得溶液在 50 ℃回流 24 h 后，加入等体积的异丙醇,并将混合物以 8 000 rpm 转速离心 5 min。将获得的沉淀物用 1∶1 异丙醇∶水的混合物洗涤,然后重新溶解于 20 mL 的水中,使用前将其保持在 4℃。储存 2 个月后,溶液保持澄清和稳定。

11.2.4 CuO NPs 标记抗体的制备和免疫反应孔板

通过超声处理 10 min,将 1 mg 的 CuO NPs 分散在 1 mL 的 0.01 mol/L PBS 中。然后在 3 min 内将 500 μL 0.2 mg·mL^{-1} AFP 抗体添加到分散液中,并以 500 rpm 漩涡 3 h。将混合物以 10 000 rpm 离心 10 min 以获得 CuO NPs 标记的抗体,然后将其重新分散在 1.5 mL PBS 中,漩涡 3 分钟,然后以 200 rpm 离心 10 min 以去除多余的 CuO NPs 沉淀物。最后加入 200 μL 含 10% BSA 的 PBS,漩涡 30 min 以稳定溶液。使用前,CuO NPs 标记的抗体在 4 ℃下保存。

将 100 μL 50μg/ml 一级抗体添加至 96 孔板的每个孔中,并在 4 ℃下培养过夜。孔用 PBST(含 0.1% Tween 20 的 PBS,3×200 μL)洗涤,并用 5% BSA(200 μL)在 37 ℃封闭 1 h,最后用 PBST(3×200 μL)洗涤以获得免疫反应板。

11.2.5 检测方法

将 10 μL AFP 溶液或样品添加到孔中并在 37℃下培养 1 h 后,用 PBST(3×200 μL)洗涤孔,并在每个孔中添加 10 μL CuO NPs 标记的抗体,进行培养,在 37±1℃下保持 1 h,并用水洗涤三次。然后在每个孔中添加 20 μL HCl(1 mmol/L),以 500 rpm 反应 10 min。最后,使用 10 μL 所得溶液在 10 mL pH 7.0 PBS 中以 0.2 V vs. SCE 的施加电压和 405 nm 的照射波长和 50 W·m^{-2} 的强度用 CdTe QDs /FTO 电极进行 PEC 检测。FTO 电极用作工作电极,铂丝为辅助电极,饱和甘汞电极作为参考电极。通过滴加 10 μL DMSA 包覆的 CdTe QDs 溶液并在 37 ℃下干燥 20 min 来制备 CdTe QDs / FTO 电极。

11.3 结果与讨论

11.3.1 PEC 生物传感机制

　　CdTe QDs / FTO 电极的 PEC 响应来自光激发下诱导的激子的形成,使得带负电荷的电子释放到空的导带中,然后被溶解的氧吸收[25](图 11-1)。未钝化的量子点表面具有较低的表面能级和窄的带隙,这使得表面电子更容易转移[27,28],从而产生敏感的 PEC 响应。当铜离子存在时,Cu^{2+} 会与 Cd^{2+} 竞争 DMSA 分子中的 S 原子,由于 CuS 的沉积平衡常数(8×10^{-36})要远小于 CdS 的沉积平衡常数(7×10^{-27}),因此铜离子可被捕获在 CdTe QDs 的表面上。在光激发下,量子点形成的电子可以还原 Cu^{2+},生成 $CdS-Cu^+$ 的混合物,其中 S 来自量子点表面的 DMSA,从而导致了俘获位点的形成[25]。所形成的俘获位点抑制了激子的形成,阻止了光电子的逸出,从而导致了"信号关闭"PEC 方法用于灵敏的免疫测定。

11.3.2 CuO NPs 标记抗体的 XPS 表征

　　CuO NPs 对二级抗体的标记可以通过 XPS 谱来证明。在标记之前未观察到铜元素的特定峰(图 11-2,蓝线),表明该抗体不含 Cu(Ⅱ)。在 CuO NPs 对抗体标记之后,在 932.6 eV 附近有一个宽峰(图 11-2,红线),这归因于 Cu(Ⅱ)的电子结合能。因此,CuO NPs 被成功地标记到 AFP 抗体上。

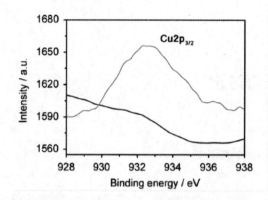

图 11-2 用 CuO NPs 标记之前（下部）和之后（上部）的抗体的 XPS Cu 2p 光谱图

（Intensity：强度；Binding energy：结合能）

11.3.3 实验条件优化

施加的电势是与光电流响应有关的重要因素。由于消除了样品中共存的其他还原性物质的干扰，因此对相对于 SCE 的 -0.2 V~+0.1 V 的电势进行了研究。在 50 W/m² 的光照强度下，响应随电位的变化从 +0.1 V 到 -0.2 V 而增加，在此电位下，响应信号足够大用以实现灵敏的免疫测定。因此，选择 -0.2 V 作为光电流测试电压，在该电压下，电子从 FTO 电极转移到 QDs 价带中的轨道上，从而在 QDs 表面上形成激子，激子将电子释放到空的导带中，然后被 O_2 接受从而产生光电流。

在 0 至 100 W/m 光强范围内研究了辐照强度对光电流的影响。结果表明，随着辐照强度的增加，在 -0.2 V 的施加电势下光电流响应急剧增加，并在 50 W/m 处趋于平稳。因此，选择 50 W/m 作为最佳光强度。

光电流响应也受电解质的 pH 影响。在酸性太强的溶液中，量子点很容易分解。因此，在 6.0~9.0 的 pH 范围内，在 50 W/m 的光照强度下测量了光电流响应。测量发现，随着 pH 的增加，响应增加，并在 pH 7.0 达到最大值。在高 pH 下，暴露在表面缺陷部位的 Cd^{2+} 会吸附 OH^-，这阻碍了电子从 QDs 转移到 O_2，从而降低了光电流。因此本项工作均使用 0.01 mol/L pH 7.0 磷酸盐缓冲液。

11.3.4 检测 AFP

在最佳条件下,CdTe QDs / FTO 电极显示出灵敏的光电流响应,由于铜离子诱导的激子俘获形成而降低光电流。随着 AFP 浓度的增加,免疫复合物中 CuO NPs 的数量增加。因此,酸性溶液中 Cu^{2+} 的浓度增加,从而更大程度地降低了光电流。I_p/AFP 浓度的对数显示出良好的线性关系。线性范围为 0.05~500 ng/mL,用 3σ 计算得出的检出限(LOD)为 0.038 ng/mL。线性响应范围比基于荧光共振能量转移(0.8~45.0 μg/L),时间分辨荧光免疫测定(0.1~100 μg/L),近红外荧光免疫分析(1.9~51.9 μg/L)和化学发光免疫分析(0.1~5.0 μg/L 或 1.0~120 μg/L)的响应范围更广。LOD 也低于荧光共振能量转移(0.41 μg/L)时间分辨荧光免疫分析(0.1 μg/L)化学发光免疫分析(0.01 μg/L,0.16 μg/L),荧光淬灭(11.7 μg/L),激光诱导荧光(1 μg/L)[35]和金纳米颗粒免疫分析(49.3 μg/L),显示出更好的分析性能。宽线性范围和低 LOD 扩展了该方法的实际应用。

为验证该方法在实际样品中的实用性,该方法用于检测人血清样品中的 AFP。AFP 的分析结果为 75 ng/mL,与酶联免疫吸附测定(ELISA)获得的结果为 70 ng/mL 相当,表明该方法具有可接受的准确性。

11.3.5 干扰测定

为了评估所提出的传感系统的选择性,在相同的实验条件下测试了人血清蛋白、牛血清蛋白、癌胚抗原、癌抗原-125,癌抗原-129、癌抗原-153,胰岛素(INS)和多巴胺(DA)的干扰。经测试发现,这些蛋白质对检测没有明显的干扰。因此,光电化学策略在 AFP 的检测中显示出良好的选择性。

11.4 结 论

通过整合 CuO NPs 标记的抗体进行夹心型免疫反应，提出了一种使用 CdTe QDs / FTO 电极的 PEC 免疫测定方法。免疫复合物可以释放铜离子，在 50 W·m^{-2} 的最佳照射强度和约 -0.2 V 的电压下与 QDs 反应，从而在 QDs 表面形成俘获位点以抑制激子的形成和光电子的逸出，从而降低了光电流。提出的"信号关闭"PEC 免疫测定方法显示出高灵敏度，低检测限和可检测的宽浓度范围。而且，该方法可以简单地扩展到其他目标的检测，从而为生物分析提供了一种高效的工具。

参考文献

[1] Kitano, H.Systems Biology: A Brief Overview[J].Science, 2002, 295 (5560): 1662-1664.

[2] Srivastava K S .Trends in biomarker research for cancer detection[J].The Lancet Oncology, 2001.

[3] Smith, Jeffrey, C, et al.Proteomics in 2005/2006: Developments, Applications and Challenges.[J].Analytical Chemistry, 2007.

[4] Morinaga T, Sakai M, Wegmannt T G, et al.Primary structures of human a-fetoprotein and its mRNA (cDNA clones/three-domain structure/molecular evolution)[J].Proc. Natl. Acad. Sci. USA 1983, 80: 4604-4608.

[5] Giannetto M, Elviri L, Careri M, et al.A voltammetric immunosensor based on nanobiocomposite materials for the determination of alpha-fetoprotein in serum[J].Biosensors & Bioelectronics,2011,26（5）: 2232-2236.

[6] Rebischung C, Pautier P, Morice P, et al.α-Fetoprotein Production by a Malignant Mixed Müllerian Tumor of the Ovary[J]. Gynecologic Oncology,2000,77（1）: 203-205.

[7] J. A, Brochot, and, et al.Peroxidase-catalysed rupture of the C. F bond as and indicator reaction for enzyme immunoassay : Kinetic determination of human immunoglobulin G, α-fetoprotein and placental lactogen[J].Analytica Chimica Acta,1989,224（1）: 329-337.

[8] Liu J, Chen P, Jiang Y, et al.A Duck Enteritis Virus-Vectored Bivalent Live Vaccine Provides Fast and Complete Protection against H5N1 Avian Influenza Virus Infection in Ducks[J].Journal of Virology, 2011,22: 244-250.

[9] Cao Y, Yuan R, Chai Y, et al.A Solid - State Electrochemiluminescence Immunosensor Based on MWCNTs - Nafion and Ru（bpy）$32+$/Nano - Pt Nanocomposites for Detection of α - Fetoprotein[J].Electroanalysis,2011,23（6）: 1418-1426.

[10] Shu-Fen C, Win-Lin H, Jing-Min H, et al.Determination of alpha-fetoprotein in human serum by a quartz crystal microbalance-based immunosensor.[J].Clinical Chemistry（6）: 913-918.

[11] Teramura Y, Arima Y, Iwata H .Surface plasmon resonance-based highly sensitive immunosensing for brain natriuretic peptide using nanobeads for signal amplification[J].Analytical Biochemistry, 2006,357（2）: 208-215.

第 12 章　基于量子点能量共振转移的新型光电生物传感

12.1　引　言

　　由于在光电化学各个领域中的重要应用,已经引起了广泛的研究兴趣如细胞制备和有机合成的领域。它的优点包括对生物样品极小的破坏性,将电子信号从光信号分离,低的电位导致了光电化学(PEC)在蛋白质、金属离子、DNA、小分子如多巴胺和 H_2O_2 的检测方面具有良好的分析性能。在这些实验方法中,检测信号通常是通过五种方式产生:(1)利用光电产生者如半导体纳米粒子和纳米粒子的共聚物作为标记信号设计信号打开的光电化学传感器信号;(2)利用分析物的敏化效应对光电流产生者作设计光电化学传感方法;(3)通过分析物的相互作用由分析物的相互作用如金属离子与光电流产生者形成产生激子的陷阱位点降低光电流;(4)通过光电流产生者向分析物的信号标记的能量转移抑制电子发射;(5)通过相关分析物的生物催化形成沉淀的光电流产生者阻碍电子的转移设计信号关闭的光电化学传感。在第四种光电化学检测方法中,标记物的光学性质和标记物与光电流产生者之间的距离必须满足能量转移的条件,这限制了这种方法的应用。

　　为了克服基于能量转移型光电化学生物传感器局限性的出现,这项工作提出了一种能量共振吸收的新概念,染料的吸收带与光电流产生的吸收带重叠时可能发生。这一过程降低了产生者激发能的吸收,这抑制电子发射从而降低了光电流密度。利用量子点作为光电流的产生者,异硫氰酸荧光素I和Fe(Ⅲ)四(1-甲基4-吡啶)卟啉(三价铁卟啉)作为吸收匹配的染料,以证实能量共振吸收的概念。与能量转移机理相比,染料和产生物之间的能量共振吸收拥有相对更小的距离。作为例子,四卟啉(4-N-甲基吡啶基)和双链DNA的特异性作用设计了一种免标记的生物传感方法。这种关闭光电化学的对目标DNA检测方法显示出良好的分析性能。能量共振吸收为光电化学生物传感提供了一个有前景的通用平台。

12.2 实验部分

12.2.1 材料与试剂

2,3-二巯基丁二酸(DMSA)和氯化镉($CdCl_2 \cdot 2.5H_2O$)从阿法埃莎中国有限公司购买。碲棒(4 mm)是从乐山卡亚迪光电有限公司购买(中国)。氢卟啉和三价铁卟啉化学试剂有限公司。异硫氰酸荧光素I来自于希恩思生化技术有限公司公。1-(3-二甲氨基丙基)-3-乙基碳二亚胺盐酸盐(EDC)从Sigma-Aldrich公司购买。三(羟甲基)氨基甲烷南京先丰纳米材料科技有限公司。其他所有化学药品均为分析级。磷酸盐缓冲液(PBS,pH 7.2)含137 mmol/L NaCl,2.5 mmol/L $MgCl_2$、和2 mmol/L磷酸二氢钾作为电解质。铟锡氧化物(ITO)膜覆盖的玻璃从江苏材料光学电子有限公司(中国)购买。使用前,ITO玻璃切成长4.5 cm、宽0.8 cm的薄片,依次浸泡在0.5 mol/L NaOH 10 min,10%过氧化氢中10 min,和丙酮中30 min,然后用水清洗,并在空气中晾干。DMSA修饰的CdTe量子点是由我们以前发表的电解法合成。所有溶液均用超纯水(≥18 MΩ,Milli-Q,Millipore)配制。实验所用DNA序列购自生工生物工程(上海)股份有限公司。相关序列如下:

TargetDNA(5'-ATGGGGTCTGTC),8氨基标记DNA(5'-GACAG

ACCCCAT-NH2-3') 探针,4 烷基修饰的 DNA 探针(5'-GACAG-ACCCCAT-CH2CH2CH2CH2-NH2-3'),8 烷基修饰的 DNA 探针(5'-GACAGACCCCAT-CH2CH2CH2CH2CH2CH2CH2CH2-NH2-3'),单碱基错配的目标(5'-ATGGGTTCTGTC),和双基错配的目标(5'-ATGTGGTCTTTC)。

12.2.2 ITO 电极的修饰

10 L DMSA 包裹的 CdTe 量子点作为光电流的产生源,滴在 ITO 电极上,在 37℃下干燥,形成一个稳定的量子点修饰的 ITO 电极。在量子点修饰的 ITO 电极滴加 10 mL 1mmol/L(氢铁卟啉、铁卟啉或荧光异硫氰酸异构体 I)溶液制备量子点-染料修饰的 ITO 电极,在室温下干燥,然后用 100 L PBS 缓冲液洗涤。为了检测 DNA,DNA 探针通过滴加 10 L 0.5 mg/mL EDC 和 10mL 2×10^{-5} mol/L DNA 到量子点修饰 ITO 电极上与量子点连接,在室温下反应 30 min。电极用 PBS 缓冲液洗涤后,在 37 ℃下干燥,将 10 L 不同浓度的目标 DNA 滴加在探针上,在 37 ℃下杂交 30 min。然后,将 10 L 3 mmol/L H_2TMPyP 加入上层的反应 20 min。最后,将 ITO 用水彻底冲洗干净用于光电流检测。

12.2.3 光电化学响应

光电化学测量是由一个 500 W 氙灯(CHF-XM-500W,从北京畅拓科技有限购买)和一个单色仪(Omni-1150,从北京卓立汉光仪器有限公司购买),和 CHI660D 电化学工作站(上海辰华仪器有限公司)提供外部电压并作为光电流检测器。修饰 ITO 电极作为工作电极,铂丝电极作为辅助电极,饱和甘汞电极为参比电极分别插入石英光电化学电池形成三电极系统。10 mL pH 为 7.2 的 PBS 加入电池中作为电解质。通过设置单色器和电化学工作站所需的照明波长和所需的外部电压,记录开-关内部照明后的光电流。

12.2.4 光谱测定

紫外-可见光谱是由 UV-3600UV-VisNIR 光谱仪（岛津，日本）记录。发光光谱由 RF-5301PC 发光光谱仪记录（岛津，日本）。同时，圆形二色（CD）由 J-810/163-900 圆二色谱光谱仪（JASCO，日本）获得。

12.3 结果与讨论

12.3.1 光电流淬灭

DMSA 包裹的 CdTe 量子点作为光电产生者和 H_2TMPyP 作为吸收匹配染料被用来验证新的光淬灭机理。在激发波长为 420 nm，量子点修饰 ITO 电极表面产生激子并释放电子进入空的导带，电子被溶解氧接受产生强烈的阴极光电流。在量子点修饰的 ITO 电极上覆盖 H_2TMPyP 后，光电流密度（J_P）下降。光电流密度 J_P 与 H_2TMPyP 浓度作图呈线性关系，线性回归方程 $J_P=-0.41C+0.33$（$R_2=0.99$）。这种关系不同于激子限域引起的光电流降低，这意味着不同的光电流淬灭机理。考虑到这样一个事实，H_2TMPyP 的吸光率与覆盖在 ITO 表面的 H_2TMPyP 浓度呈正相关，其线性关系与 H_2TMPyP 的厚度没有关系，即光电流产生者与 H_2TMPyP 之间的距离，光电流密度的线性下降是由于吸收了 H_2TMPyP 的激发能，这样降低了形成激子的数量，从而降低光电流密度。

12.3.2 能量共振吸收

H_2TMPyP 和 QDs 的同步能量吸收或能量共振吸收来源于在 390~440 nm 处 H_2TMPyP 和 QDs 重叠的吸收带。H_2TMPyP 对 DMSA 包裹的 CdTe 量子点的激发强度的影响和 QDs 的发射波长与 H_2TMPyP

吸收带不匹配,这就排除了能量从激发态量子点向 H_2TMPyP 转移的可能性,进一步证实了能量共振吸收的淬灭机理。没有 H_2TMPyP 存在时,量子点的激发光谱有三个主要的激发带,各自从 330~374 nm,376~400 nm,和 412~463nm 变化。加入 H_2TMPyP 后,它们的激发强度分别下降了 37.6%,43.8% 和 83.3%。从 412 到 463 nm 是激发带下降最大的原因是归功于 H_2TMPyP 在其特征吸收带的共振吸收。

没有加 H_2TMPyP 时,量子点的光电流密度随下降的激发波长而增加并在 380 nm 处达到最大值。在 360 nm 处,光电流密度明显下降,尽管吸收带在较短的波长下持续增加,这是由于 QDs 分子轨道之间的电子转换,而不是从价带到导带的电子转换。在 H_2TMPyP 的存在下,光电流密度显示出不同的变化趋势。它在 420 纳米处显示了一个最小值,小于 440 nm 处的值。在 H_2TMP 的特征吸收带处的最小光电流密度也证实了 H_2TMPyP 的共振吸收,从而使 QDs 的激发能量减少。

在 360 nm 时,光电流密度明显下降,在短波长处吸收带持续增加是由于量子点的电子转移在分子轨道间而不是从价带到导带[29,30]。当 H_2TMPyP 存在时,光电流密度呈现不同的变化趋势。它显示最小值为 420 nm,小于 440 nm。最小光电流密度在 H_2TMPyP 的特征吸收带也证实了 H_2TMPyP 共振吸收,有效降低了量子点的激发能。

12.3.3 不同吸收匹配染料的光电流淬灭

为了进一步验证能量共振吸收的淬灭机理,分别用 FITC-1 和 FeⅢTMPyP 作为吸收匹配染料。FITC-1 的主吸收带从 455 ~ 508 nm 变化峰值在 490 nm,FeⅢTMPyP 的吸收带是从 390 ~ 457 nm 变化峰值为 423 nm。这些吸收带与量子点的吸收带重叠,从而他们可以产生能量共振吸收。在这些染料存在的情况下,在重叠吸收带的光电流密度明显降低。此外,类似于 H_2TMPyP,FeⅢTMPyP 的吸收峰也位于量子点的激发带(412 ~ 463 nm)与量子点发射波长无匹配的能量转移。在量子点表面覆盖 FeⅢTMPyP,量子点的激发强度分别下降了 40%,26.1%,86.6%,分别在 330 ~ 374 nm,376 ~ 400 nm 和 412 ~ 463 nm 的位置。在重叠带中激发强度较大下降幅度来自于能量共振吸收。光电流淬灭的这种机理为生物传感方法提供了新平台。

12.3.4 在 DNA 传感方面的应用

利用吸收相匹配染料与目标生物分子相互作用,该光淬灭机制可以方便地用于免疫生物传感。例如,H_2TMPyP 能特异性地与双链 DNA 作用。在探针 DNA 与目标 DNA 杂交后,圆二色谱表明在 270 nm 处有一个正的 Cotton 效应,在 240 nm 处有一个负的 Cotton 效应 [图 12-1 (a),蓝线]。在 H_2TMPyP 的存在下,在 442 nm 处圆二色谱出现了一种新的负信号 [图 12-1 (a),红线],由于通过嵌插作用形成卟啉 DNA 复合物,而在 H_2TMPyP 单独存在或 H_2TMPyP 和目标 DNA 混合时没有出现上述信号。因此,简单地将探针 DNA 功能化的量子点固定在一个 ITO 电极上即可构成 DNA 传感器。与目标 DNA 杂交后形成的双链 DNA,可以通过嵌插作用捕捉传感器表面的 H_2TMPyP[图 12-1 (b)],这导致了光电流密度降低。随着目标 DNA 浓度的增加,光电流密度逐渐减小 [图 12-1 (c)]。光电流密度与目标 DNA 浓度对数呈良好的线性关系,线性范围为 6 ~ 600 nmol/L。检测限为 2.5 nmol/L 低于 Ru(bpy)$_2$dppz^{2+} 标记的光电化学方法(4.5 nmol/L),与光电化学方法(2.2 mmol/L)[21],基于金纳米粒子荧光共振能量转移方法(200 nmol/L),显示出良好的分析性能。此外,传感器对单碱基和双碱基错配目标的分化能力进行评估。光电流表明淬灭百分比:匹配的为 42.4%,单和双向错配链 11.5% 和 3.7%,表明良好的选择性。

同时,光电流产生者和染料之间的距离不影响光电流的淬灭或能量共振吸收效率。无烷基链的(柱 1)、4 烷基修饰链(柱 2)和 8 烷基修饰链(柱 3)的不同距离作为探针的光电流强度在同一水平。由于吸收匹配染料的广泛存在,这种开关-关闭型策略能够很容易扩展到其他特异性目标的检测。

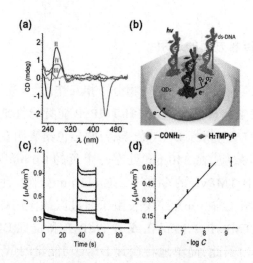

图 12-1 Cotton 效应

（a）H₂TMPyP（黄色）、ds-DNA（蓝色）、ds-DNAin 存在 H₂TMPyP（红色）和 ss-DNA + H2TMPyP（绿色）的 CD 光谱；（b）DNA 传感器示意图；（c）在 420 nm 激发波长下，传感器对 0、0.6、6.0、20、60、200 和 600 nmol/L（从上到下）目标 DNA 的光电流响应；（d）光电流密度与目标 DNA 浓度的对数图（彩色在线）

12.4 结　论

这项研究提出了一个概念：能量共振吸收引起光电流淬灭。染料的吸收带与光电流产生者的吸收带有重叠能共振吸收激发能从而引起光电流减少。与能量共振转移不同，光电流产生者与吸收匹配染料的距离不影响能量共振吸收的效率。此外，量子点宽的吸收带作为光电流产生者为获得吸收匹配染料提供广泛的机会。因此，提出的这种机理在各领域具有通用性。作为一个应用的例子，将探针 DNA 功能化的量子点固定在一个 ITO 电极上即可设计一个免标记的生物传感方法。H₂TMPyP 与 ds-DNA 的嵌插作用导致良好的生物传感性能。通过能量共振吸收引起光电流的淬灭为光电化学生物传感器的设计和光电化学研究开辟了一条新的用途。

参考文献

[1] Gräzel M. Photoelectrochemical cells[J]. Nature, 2001, 414: 338-344.

[2] Christians JA, Fung RCM, Kamat PV. An inorganic hole conductor for organo-lead halide perovskite solar cells. Improved hole conductivity with copper iodide[J]. J Am Chem Soc, 2014, 136: 758-764.

[3] Song QL, Yang HB, Gan Y, Gong C, Li CM. Evidence of harvesting electricity by exciton recombination in an n-n type solar cell[J]. J Am Chem Soc, 2010, 132: 4554-4555.

[4] Peng KQ, Wang X, Li L, Wu XL, Lee ST. High-performance silicon nanohole solar cell[J]. J Am Chem Soc, 2010, 132: 6872-6873.

[5] Guo QJ, Ford GM, Yang WC, Walker BC, Stach EA, Hillhouse HW, Agrawal R. Fabrication of 7.2% efficient CZTSSe solar cells using CZTS nanocrystals[J]. J Am Chem Soc, 2010, 132: 17384-17386.

[6] He MT, Li JB, Tan SB, Wang RZ, Zhang Y. Photodegradable supramolecular hydrogels with fluorescence turn-on reporter for photomodulation of cellular microenvironments[J]. J Am Chem Soc, 2013, 135: 18718-18721.

[7] Jiang H, Cheng YZ, Wang RZ, Zheng MM, Zhang Y, Yu SY. Synthesis of 6-alkylated phenanthridine derivatives using photoredox neutral somophilic isocyanide insertion[J]. Angew Chem Int Ed, 2013, 52: 13289-13292.

[8] Ghezzi D, Antognazza MR, Maschio MD, Lanzarini E, Benfenati F, Lanzani G. A hybrid bioorganic interface for neuronal

photoactivation[J].Nat Commun,2011,2: 166.

[9] Yildiz HB, Tel-Vered R, Willner I. CdS nanoparticles/b-cyclodextrinfunctionalized electrodes for enhanced photoelectrochemistry[J]. Angew Chem Int Ed,2008,47: 6629-6633.

[10] Wang P, Ma XY, Su MQ, Hao Q, Lei JP, Ju HX. Cathode photoelectrochemical sensing of copper (Ⅱ) based on analyte-induced formation of exciton trapping[J].Chem Commun,2012,48: 10216-10218.

[11] Tu WW, Dong YT, Lei JP, Ju HX. Low-potential photoelectrochemical biosensing using porphyrin-functionalized TiO2 nanoparticles[J]. Anal Chem,2010,82: 8711-8716.

[12] Zhang XR, Li SG, Jin X, Zhang SS. A new photoelectrochemical aptasensor for the detection of thrombin based on functionalized graphene and CdSe nanoparticles multilayers[J]. Chem Commun,2011,47: 4929-4931.

[13] Haddour N, Chauvin J, Gondran C, Cosnier S. Photoelectrochemical immunosensor for label-free detection and quantification of anticholera toxin antibody[J]. J Am Chem Soc,2006,128: 9693-9698.

[14] Zhao WW, Ma ZY, Yu PP, Dong XY, Xu JJ, Chen HY. Highly sensitive photoelectrochemical immunoassay with enhanced amplification using horseradish peroxidase induced biocatalytic precipitation on a CdS quantum dots multilayer electrode[J].Anal Chem,2012,84: 917-923.

[15] Hu CG, Zheng J, Su XY, Wang J, Wu WZ, Hu SS. Ultrasensitive all-carbon photoelectrochemical bioprobes for zeptomole immunosensing of tumor markers by an inexpensive visible laser light[J].Anal Chem,2013,85: 10612-10619.

[16] Yin HS, Sun B, Zhou YL, Wang M, Xu ZN, Fu ZL, Ai SY. A new strategy for methylated DNA detection based on photoelectrochemical immunosensor using Bi_2S_3 nanorods, methyl bonding domain protein and anti-his tag antibody[J]. Biosens Bioelectron,2014,51: 103-108.

[17] Wang YH, Ge L, Wang PP, Yan M, Ge SG, Li NQ, Yu JH, Huang JD. Photoelectrochemical lab-on-paper device equipped with a porous Au-paper electrode and fluidic delay-switch for sensitive detection of DNA hybridization[J].Lab Chip,2013,13: 3945-3955.

[18] Hao Q, Wang P, Ma XY, Su MQ, Lei JP, Ju HX. Charge recombination suppression-based photoelectrochemical strategy for detection of dopamine[J]. Electrochem Commun,2012,21: 39-41.

[19] Chen D, Zhang H, Li X, Li JH. Biofunctional titania nanotubes for visible-light-activated photoelectrochemical biosensing[J]. Anal Chem,2010,82: 2253-2261.

[20] Tel-Vered R, Yehezkeli O, Yildiz HB, Wilner OI, Willner I. Photoelectrochemistry with ordered CdS nanoparticle/Relay or photosensitizer/Relay dyads on DNA scaffolds[J]. Angew Chem Int Ed, 2008,47: 8272-8276.

[21] Baş D, Boyacı İH. Photoelectrochemical competitive DNA hybridization assay using semiconductor quantum dot conjugated oligonucleotides[J].Anal Bioanal Chem,2011,400: 703-707.

[22] Zhang XR, Zhao YQ, Zhou HR, Qu B. A new strategy for photoelectrochemical DNA biosensor using chemiluminescence reaction as light source[J]. Biosens Bioelectron,2011,26: 2737-2741.

[23] Zeng XX, Ma SS, Bao JC, Tu WW, Dai ZH. Using graphene-based plasmonic nanocomposites to quench energy from quantum dots for signal-on photoelectrochemical aptasensing[J]. Anal Chem,2013, 85: 11720-11724.

[24] Zhang XR, Guo YS, Liu MS, Zhang SS. Photoelectrochemically active species and photoelectrochemical biosensors[J]. RCS Adv,2013,3: 2846-2857.

[25] Zhao WW, Wang J, Xu JJ, Chen HY. Energy transfer between CdS quantum dots and Au nanoparticles in photoelectrochemical detection[J].Chem Commun,2011,47: 10990-10992.

[26] Liu X, Cheng LX, Lei JP, Liu H, Ju HX. Formation of surface traps on quantum dots by bidentate chelation and their application in

low-potential electrochemiluminescent biosensing[J].Chem Eur J, 2010,16: 10764-10770.

[27] Jahan S, Mansoor F, Kanwal S. Polymers effects on synthesis of AuNPs, and Au/Ag nanoalloys: indirectly generated AuNPs and versatile sensing applications including anti-leukemic agent[J].Biosens Bioelectron,2014,53: 51-57.

[28] Medintz IL, Uyeda HT, Goldman ER, Mattoussi H. Quantum dot bioconjugates for imaging, labelling and sensing[J].Nat Mater, 2005,4: 435-446.

[29] Platt U, Perner D. Direct measurements of atmospheric CH_2O, HNO_2, O_3, NO_2, and SO_2 by differential optical absorption in the near UV[J].J Geophys Res,1980,85: 7453-7458.

[30] Gergel D, Cederbaum AI. Interaction of nitric oxide with 2-thio-5- nitrobenzoic acid: implications for the determination of free sulphydryl groups by Ellman's reagent[J].Arch Biochem Biophys, 1997,347: 282-288.

[31] Balaz M, Napoli MD, Holmes AE, Mammana A, Nakanishi K, Berova N, Purrello R. A cationic zinc porphyrin as a chiroptical probe for Z-DNA[J].Angew Chem Int Ed,2005,44: 4006-4009.

[32] D'Urso A, Mammana A, Balaz M, Holmes AE, Berova N, Lauceri R, Purrello R. Interactions of a tetraanionic porphyrin with DNA: from a Z-DNA sensor to a versatile supramolecular device[J]. J Am Chem Soc,2009,131: 2046-2047.

[33] Schwalb NK, Temps F. Base sequence and higher-order structure induce the complex excited-state dynamics in DNA[J]. Science,2008,322: 243-245.

[34] Lee S, Jeon SH, Kim BJ, Han SW, Jang HG, Kim SK. Classification of CD and absorption spectra in the Soret band of H2TMPyP bound to various synthetic polynucleotides[J].Biophys Chem,2001,92: 35-45.

[35] Liu F, Choi JY, Seo TS. Graphene oxide arrays for detecting specific DNA hybridization by fluorescence resonance energy transfer[J].Biosens Bioelectron,2010,25: 2361-2365.

第 13 章　高选择实时检测生物蛋白的光电化学邻位分析

13.1　引　言

  专一蛋白检测在康复和医疗的过成中占有重要的地位,因为它是当前疾病诊断和筛查的主要方法之一。由于特定的分子识别,免疫分析法是一种占主导地位的特异性蛋白质检测的方法。然而,传统的方法如酶联免疫吸附试验很难实现即时检测。目前,DNA 辅助蛋白质检测已用于临床诊断、食品和环境分析。这些技术中,通过抗体与 DNA 结合,将核酸检测用于蛋白分析,从而提高了分析效果。免疫 PCR 是最成功的例子之一。类似酶联免疫吸附试验,免疫聚合酶链反应是把捕获抗体固定在固体基质上。夹心免疫反应后,通过 PCR 技术将免疫复合物上连接的 DNA 进行指数放大。通过引入生物条形码,免疫 PCR 的灵敏度可以进一步提高。其他的 DNA 放大等温策略,如滚环扩增和杂交链反应也已经被用于蛋白质的高灵敏检测。但因受囿于多步操作,这些分析技术难以,这限制了它们的旁床诊断中的应用。为了与将来旁床诊断步伐保持一致,需要建立一个更灵活、高灵敏、定量和便于使用的方法。
  邻位连接分析可以克服一些 ELISA 的局限性。例如,迄今为止,邻位连接分析是最适合于蛋白灵敏检测的方法之一。该法是均一的(无洗涤步骤),检测限优于酶联免疫吸附试验,即便体积再小。邻位连接分析

第13章　高选择实时检测生物蛋白的光电化学邻位分析

的一个关键概念是"邻近效应",它依赖于一对亲和探针同时识别目标分子。键合探针可以通过酶催化共价连接他们的寡核苷酸链,qPCR 直接读出,读数与目标蛋白的浓度成正比。邻位连接分析能够与适配体对和各种抗体配对双功能化。

光电化学(PEC)分析在快速和高通量生物测定中引起了相当大的关注。得益于激发源(光)和检测信号(电流)的不同能量形式,PEC 检测具有低背景信号导致的潜在高灵敏度。此外,光电化学仪器继承了电化学方法,与传统的光学方法相比,具有简单、便携、廉价等优点。在该技术中,光活性材料起着主要作用,同时,具有增强的光电流强度和较少的电子-空穴复合的 PEC 传感系统对于高灵敏度检测也是可取的。为了实现这一目标,由基本光活性材料和两种或多种敏化剂组成的敏化结构是非常有前途的。考虑到不同半导体的不同带隙,可以使用具有小带隙和大带隙的一对半导体来构建敏化结构。级联带边能级不仅可以提高光电流转换效率,还可以促进电荷分离,从而提高光电流密度,从而提高传感灵敏度。

在 TiO_2 上的 CdS 量子点致敏和电化学接近检测的基础上,我们在此提出了一种 PEC 接近检测(PECPA),通过将接近检测与 PEC 检测相结合,对特定蛋白质进行简单但高度敏感的检测。PEC 生物传感器由四个步骤制备:涂覆 TiO_2 纳米颗粒、形成 TiO_2/CdS 混合结构,通过 Cd^{2+} 和 S^{2-} 离子的反应组装捕获的 DNA,并通过其与捕获的 DNA 在氧化铟锡(ITO)电极上的杂交固定 DNA 标记的抗体探针(DNA-Ab^1)。在生物传感器表面,目标蛋白可以诱导 DNA-Ab^1、目标和检测抗体-DNA(DNA-Ab^2)之间形成免疫复合物,用于 DNA-Ab^2 中 DNA 的近距离杂交,并将捕获的 DNA 和信号 DNA-CdTe QDs 带到 ITO/TiO_2/CdS 电极上。

由于 CdTe 量子点(QDs)对 ITO/TiO_2/CdS 电极的光电化学反应的感化,PECPA 方法包含一个信号放大过程。

与接近结扎免疫分析、用 MB 标记的 DNA 进行电化学接近免疫感应和电化学蛋白质感应的开创性工作相比,所提出的敏化和信号放大策略为 PECPA 的目标蛋白提供了明显的高灵敏度。鉴于 PLA 和 PEC 检测的优势,该方法在医疗点检测中具有潜在的应用。

13.2 实验部分

13.2.1 试剂与材料

ITO 导电玻璃购自珠海凯为有限责任公司；巯基乙酸(TGA)、乙醇胺(MEA)、1-(3-二甲氨基丙基)-3-乙基碳二亚胺盐酸盐(EDC)、n-羟基丁二酰亚胺(NHS)与三(2-羧乙基)膦盐酸盐购自 Sigma-Aldrich 公司。磺基-琥珀酰亚胺-4-环己烷-1-碳酸酯(SMCC)、牛血清白蛋白(BSA)、胰岛素抗体、免疫球蛋白 E(IgE)和胰岛素来自于希恩思生化技术有限公司；二硫苏糖醇(DTT)和 DNA 均购于上海生工生物工程技术公司；TiO_2(P25 粉)、亚碲酸钠、硼氢化钠、抗坏血酸(AA)、$CdCl_2 \cdot 2.5H_2O$ 购自阿法埃莎(天津)化学有限公司；$Na_2S \cdot 9H_2O$ 购自上海凌峰化学试剂有限公司。整个实验所用的超纯水由 Millipore 公司的净化系统制备($\geqslant 18\ M\Omega$)，其余试剂均为分析纯，使用前未经提纯。PBS(55 mmol/L, 150 mmol/L NaCl, 20 mmol/L EDTA, pH 7.2) 和 PBE(55 mmol/L, 150 mmol/L NaCl, 5 mmol/L EDTA, pH 7.2)用于制备 DNA-抗体偶联物。实验用血清样品由江苏肿瘤医院提供。实验所用 DNA 序列购自生工生物工程(上海)股份有限公司。相关序列如下：

signal DNA: CCACCCTCCTCCTTTTCCTATCTCTCCCTCGTCACCATGC-(CH2)6-NH2; capture DNA: (G7)-HS-GCATGGTATTTTTCGTTCGTTAGGGTTCAAATCCGC

G-;(G5)HS-(CH2)6-GCATGAATTTTCGTTCGTTAGGGTTCAAATCCGCG;(G10)

HS-D/GCATGGTGACATTTTCGTTCGTTAGGGTTCAAATCCGCG; DNA1: HS-(CH2)6-CCCACTTAAACCTCAATCCACGCGGATTGAACCCTAACG; DNA2: TAGGAAAAGGAGGAGGGTGGCCCACTTAAACCTCAATCCA-(CH2)6-HS; Ref DNA: TAGGAAAAGGA

GGAGGGTGGCCCACTTAAACCTCAATCCACCCA
CTTAAACCTCAATCCACGCGGATTTGAACCCTAACG.

13.2.2 实验仪器

透射电镜照片用 JEM-2100 型(JEOL, Japan)透射电子显微镜(TEM)拍摄。荧光光谱(FL)用 RF-5301 PC 荧光仪(Shimadzu, Japan)上测定。紫外可见(UV-vis)吸收光谱用 Shimadzu UV-3600 分光光度计(Shimadzu Co. Japan)测定。动态光散射(DLS)用 BI-200 SM 光散射仪(Brookhaven Instruments Co. U.S.A.)测定。PEC 实验用 IMVS/IMPS Z-AHNER 光电化学仪(Zahner Zennium, German)测定,光源为配套的编号为 LW405 的 LED 灯(波长 405 nm)。电化学阻抗谱(EIS)用 Autolab potentiostat/galvanostat 系统(PGSTAT 30, Eco Chemie B.V, Utrecht, The Netherlands)测定,频率范围为 0.1 Hz ~ 100 kHz,测试液为含有 5 mmol/L $K_3[Fe(CN)_6]/K_4[Fe(CN)_6]$(1∶1)的 0.1 mol/L Na_2SO_4 溶液,施加电位为 0.180 V,施加的正弦波振幅为 5 mV。所有实验均在室温下完成,光电测试采用传统的三电极体系,ITO 修饰电极(直径为 4 mm)为工作电极,铂电极为辅助电极,饱和甘汞电极(SCE)为参比电极。

13.2.3 DNA-抗体偶联物制备

DNA-抗体偶联物(Ab-DNA)按照参考文献上的步骤制备[33,43]。胰岛素抗体(2 mg/mL)首先与 20 倍摩尔量的 SMCC 在 PBS 中室温反应 2 h,得到的产物用 100 KD 超滤管纯化(10 000 r,10 min)。同时,3 μL,100 μmol/L 巯基化 DNA1 或 DNA2 在 PBS 中被 4 μL,100 mmol/L DTT 还原 1 h(37 ℃)。还原后的 DNA 用 10 KD 超滤管纯化(10 000 r, 10 min),之后得到的抗体与还原后的寡核苷酸混合,在 PBE 中 4 ℃温育过夜,用 100 KD 超滤管纯化(10 000 r,10 min),得到 Ab-DNA。

13.2.4 CdTe QD-DNA 偶联物制备

水溶性 MPA 修饰的 CdTe 量子点按照如下方法合成。100 μL 2 μmol/L CdTe 量子点和 100 μL 20 μmol/L signal-DNA 混合在 PBS（55 mmol/L phosphate，pH 7.4，150 mmol/L NaCl，20 mmol/L EDTA）包含 20 mmol/L EDC and 10 mmol/L NHS，在无光下摇匀过夜，使用一个 100 kD 的超滤管纯化（10 000，10 min）去除非共聚的 DNA。得到的共聚物用 PBS 缓冲液洗三次通过超滤得到 CdTe QD-DNA 探针，使用前保持在 4 ℃。

13.2.5 凝胶电泳分析

12% 变性聚丙烯酰胺凝胶由 1×TBE 缓冲液制备。将 7 μL DNA 样品，1.5 μL 6× 加样缓冲液和 1.5 μL UltraPower 染料混合。样品放置 3 min 后注入聚丙烯酰胺水凝胶中，凝胶电泳在 1×TBE 缓冲液中进行，在 90 V 下运行 90 min 后通过 Molecular Imager Gel Doc XR 拍照。

13.2.6 光电化学邻位分析传感器的制备

ITO/TiO$_2$/CdS 电极制备的建立在适当修改文献的方法（见支持信息）。接下来，10 μL，1 μmol/L captureDNA 和 1 μL，1 mmol/L TCEP 混合在 200 μL PCR 管中。此管在室温下（21 ℃）温育 90 min 还原二硫键。为了固定化，10 μL，0.5 μmol/L 还原的 capture DNA 溶液直接滴在洁净的 ITO/TiO$_2$/CdS 电极上室温避光孵育 2 h，形成的自组装单层后，常温下用去离子水冲洗除去物理吸附在电极表面上多余的 captureDNA。为进一步防止吸附，10 μL，1 mmol/L MCH 溶液滴在电极上，在室温避光下封闭未修饰的位点 1 h。用 Tris-HCl 缓冲液和氮气干燥后，10 μL，1 μmol/L Ab1 包含 0.5% BSA（w/v）涂在电极上过夜温育。另一个洗涤步骤后，获得光电化学邻位分析传感器并储存在 4 ℃以备待用。

13.2.7 检测步骤

抗体 - 寡核苷酸偶联物的制备如上所述；在下面的讨论中偶联物称为 Ab_1（DNA-Ab_1）和 Ab_2（DNA_2-Ab_2）。Tris-HCl 缓冲液（pH 7.4、0.5 mol/L NaCl）加入 0.5% 的 BSA（w/v），50 nmol/L Ab_2，50 nmol/L QD-DNA 和不同浓度的胰岛素或血清样品。取上述 10 μmol/L 混合液加在光电化学邻位分析传感器表面温度 40 min，然后用 Tris-HCl 缓冲液（pH 7.4）冲洗[47]。最后，在 N_2 氛围下将修饰电极浸泡在含有 0.1 mol/L AA 的 10 mL PBS（10m mol/L，pH 7.4）中进行 PEC 检测。激发光波长为 405 nm，波长施加电位为 0 V，照明强度 50 W/m。

13.3 结果和讨论

13.3.1 光电化学邻位分析的表征

为了标记量子点，首先寡核苷酸生物功能化 CdTe 量子点。得到的 QD-DNA 探针可用吸收和发射光谱证明。在 260 nm 处出现新的吸收峰，表明寡核苷酸成功的生物功能化量子点。量子点生物功能化后荧光强度降低表明量子产率的减少，这是归功于量子点的表面缺陷与寡核苷酸的协同作用[43]。

TiO_2 是宽禁带半导体材料（3.2 eV），只能吸收紫外光（小于 387 nm）。CdS 有一个窄的能带隙（2.4 eV），其吸收范围可达 550 nm 波长。因此，偶合 CdS 与 TiO_2 形成 TiO_2/CdS 异质结构可以显著延长吸收范围，提高光能的利用率，提高光电流强度。为了提高电子－空穴复合，进一步提高电流强度，应当优化实验条件如 TiO_2 悬浮液的浓度和 CdS 涂层数（图 13-1）。图 13-1A 表明，CdS 涂层数固定为四次时 TiO_2 不同浓度的悬浮液制备的 ITO/TiO_2/CdS 电极的光强度。可以看出，TiO_2 浓度为 1.0 mg/mL 时 ITO/TiO_2/CdS 电极的光强度最大。增加二氧化钛悬浮液的浓度可以提供更多的二氧化钛,从而扩大了二氧化钛膜的表面面积,以吸收更多的量的硫化镉。结果是,更多的光吸收发生在 ITO/TiO$_2$/CdS 电极上使电流强度的增加。然而,随着二氧化钛悬浮液浓度的进一步增加,在较厚的二氧化钛薄膜上电子运动的扩散阻力明显增加,由于过多的二氧化钛产生越来越多的表面复合中心,导致逐渐下降的光电流强度。因此,1.0 mg/mLTiO$_2$ 悬浮液用于制备电极。

CdS 的沉积可以通过 SILAR 循环次数调节。图 13-1B 表明,并在固定 TiO$_2$ 悬浮液(1.0 mg/mL)和 CdS(0.08 mol/L)情况下,不同 SILAR 循环的 CdS 制备的 ITO/TiO$_2$/CdS 电极的电流强度。SILAR 次数增大时,沉积 CdS 逐渐积累,导致越来越多的光吸收和光电流强度的增加。可以看出,当 CdS 四次 SILAR 循环时 ITO/TiO$_2$/CdS 电极达到最大的光电流强度。SILAR 循环进一步增加后,CdS 的过量导致越来越多的表面复合中心,使电子运动的扩散阻力明显增加,光电流强度逐渐降低。为了达到最佳的信号放大,选用 CdS 两次 SILAR 周期制备电极。

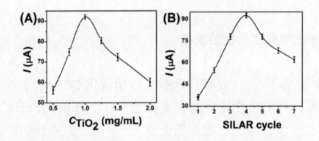

图 13-1 CdS 的沉积可以通过 SILAR 循环次数调节

(A)TiO$_2$ 悬浮液浓度和(B)CdS 涂层数量对 ITO/TiO$_2$/CdS 电极光电流响应的影响。

电化学阻抗的测量在 5 mmol/L 铁氰化钾溶液(含 0.1 mol/L KCl)中进行,用于测试传感器表面的导电性。由于 DNA 自组装层带有负电荷,可以排斥 [Fe(CN)$_6$]3-/4- 使之远离电极表面,与 ITO/TiO$_2$/CdS 电极相比,capture DNA 修饰 ITO/TiO$_2$/CdS 电极表现出更大的 Ret 增加。经过巯基乙醇(MCH)封闭后,Ret 进一步增大。通过 DNA 的杂交把 Ab$_1$ 捕获到电极上,由于蛋白质的绝缘性 Ret 进一步增加。同样,目标蛋白,也可以阻碍电子转移,导致 Ret 的增加,这反映了 capture DNA-

Ab₁ 与目标蛋白之间的成功识别。

然而,目标蛋白,Ab₂ 和 signal DNA 同时存在时,Ab₁-target-Ab₂ 的免疫反应触发 capture DNA 杂交 signal DNA, capture DNA-Ab₁ and Ab₂-signal DNA 之间的协同复合物的形成,从而增加相应的 Ret。与此相反,只有 Ab₂ 和 signal DNA 在同样的温育过程中 Ret 几乎不发生变化。总的来说,这些实验结果表明传感器的研制成功的。此外,利用 Ref DNA 模拟抗体 - 抗原的反应,进行了凝胶电泳分析。Ref DNA 能带 capture DNA 和 signal DNA 形成邻位复合物。Capture DNA, signal DNA, and Ref DNA 各自显示清晰条带。在缺少 Ref DNA 的情况下,Capture DNA 和 signal DNA 混合,在 Capture DNA 和 signal DNA 同一位置显示两条带,表明 capture DNA 和 signal DNA 没有发生杂交。在 Ref DNA 存在时,capture DNA 和 signal DNA 混合物,可以看到一条新带,说明形成邻位复合物 capture DNA-Ref DNA-signal DNA。

13.3.2 光电化学邻位分析的可行性

为了获得超灵敏的蛋白质检测,一个信号放大共敏化的策略被提供。一般情况下,要精心选择不同的半导体材料达到一个梯级共敏化结构。作为光敏剂,半导体量子点不但具有高吸收系数,热电子的传递,并产生多个电子载流子的优点,而且具有通过改变颗粒的大小的带隙可调的独特性能。我们首先用一种共敏化结构用光电化学邻位分析设计高灵敏的蛋白质测定,图 13-2 表明了电子转移机理。

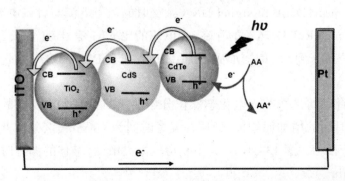

图 13-2 所设计的 PECPA 生物传感器在 AA 电解质中的电子传递机理

为了验证设计的共敏化策略信号放大的可行性,对所制备的光电化学邻位分析传感器光电特性进行了研究。ITO/TiO$_2$ 电极表现出明显的光响应。ITO/TiO$_2$ 电极进一步修饰 CdS,光电流略有增加,这可以归因于一个共敏化的策略。随后,固定 capture DNA 后,光电流减小,这可以归功于 DNA 序列的相对较弱的电荷转移能力。在传感电极进一步温育 Ab$_1$,目标蛋白和 Ab$_2$ 后,光电流强度明显下降,因为固定这些蛋白质部分阻碍了 AA 与电极表面的光生空穴反应的运动速度。最后,进一步在 Ab$_2$ 序列的终端固定 QD-DNA 后,一个五部分络合物形成一个圆形结构的传感器表面,通过 capture DNA 和 QD-DNA 邻近杂交,使 QD 接近 ITO/TiO$_2$/CdS 电极表面使光电流增强。这个过程的结果使电子从 QD 向 ITO/TiO$_2$/CdS 电极转移的数量与被分析物蛋白的量成比例。因此,光电流表征证明了基于共敏化信号放大策略的光电化学邻位分析目标蛋白的目标已经达到。

通道 1~5 分别表示 DNA 阶梯标记、捕获 DNA、信号 DNA、Ref DNA、捕获 DNA 和信号 DNA 的混合物,捕获 DNA、信号 DNA 和 Ref DNA 在 10 nM 处的混合物。

13.3.3 检测条件优化

光电化学邻位分析传感器的检测机理依靠一双抗体偶联 DNA 亲和探针同时识别目标蛋白使导 capture DNA 和 signal DNA 邻位杂交。因此,应首先优化 capture DNA 和 signal DNA 的互补碱基数目。图 13-3A 显示光电化学邻位分析在 Ref DNA 存在时,互补碱基为 5,7 和 10 时 capture DNA 和 signal DNA 杂交时的信号电流与背景电流比率。在 10 nm 的 Ref DNAA 的存在,光电流的比率(I 信号 / I 背景)会随着互补碱基 G5 到 G7 的增加而增加。因此,捕获 DNA(G7)被选为后续实验。

温育时间是影响光电化学邻位分析性能的另一个重要参数。信号随温育时间的增加而增加,说明在温育时间为 40 min,该分析方法的灵敏度达到最大(图 13-3B)。为了获得较高灵敏度,最佳的温育时间应选为 40 min。

在电极上固定化 capture DNA 的浓度可能会影响传感器的分析性

能。在室温 2 h 的分析时间内，光电流的最大值出现在 capture DNA 0.5 μM（图 13-3C）。高密度的 capture DNA 会导致立体障碍，从而降低 capture DNA 在电极表面的杂交信号的能力，而低密度会影响传感器的目标蛋白的检测效率。因此，10 μL 0.5 μmol/L capture DNA 制备传感器。

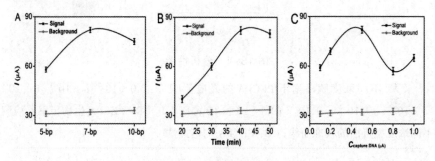

图 13-3　优化检测条件

捕获 DNA 与 QD-DNA 互补碱基数、孵育时间和捕获 DNA 浓度对 ITO/TiO$_2$/CdS 电极光电流响应的影响。误差条表示三个平行实验的标准差。

13.3.4 分析性能

在优化实验条件下表征光电化学邻位分析的分析性能。如图 13-4A 所示，随着胰岛素浓度的增加，光电流也相应增加。用光电流强度对胰岛素浓度的对数作图，获得标准曲线，标准曲线显示线性范围为 $3.0 \times 10^{-5} \sim 10$ nmol/L，线性相关系数 0.9913（图 13-4B）。线性回归方程为 I = 5.365log [C] + 82.114。在 3σ 时获得的最低检测限（LOD）为 10 fM。这比已经报道的基于信号放大的某些邻近免疫方法的检测限要低[24,55]。

为了研究光电化学邻位分析传感器的选择性，我们选择一些与胰岛素有些相似的结构胰岛素生长因子 IGF-1 和 C-肽作为干扰物，研究他们之间光电流变化的差异。正如预期的那样，对高浓度的 IGF-1 或 C-肽传感器没有什么响应（图 13-4C），造成的干扰几乎可以忽略不计，表明该传感器具有较高的选择性。总的来说，该传感器灵敏度高，检测范围宽，操作简单、选择性好,,在旁床诊断方面展现出巨大的潜力。

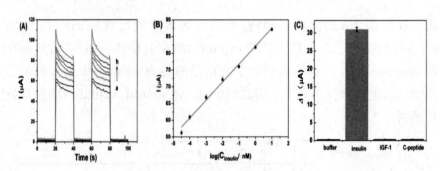

图 13-4 分析性能

（A）不同浓度胰岛素下 PECPA 的光电流响应：3.0×10^{-5}（a），10^{-5}（b），10^{-4}（c），10^{-3}（d），10^{-2}（e），10^{-1}（f），1（g）和 10 nM（h）；（B）PECPA 生物传感器检测不同浓度靶蛋白的校准曲线；（C）PECPA 的选择性

13.3.4 实际样品的检测

为了考察该方法的可靠性和应用前景，将其用于临床血清样品中 insulin 的检测，并将测定结果与临床上采用商用电致化学发光分析仪得到的结果进行比较。如表 13-1 所示，测定结果与参照值吻合，二者之间的相对误差值小于 7.85%，证明该方法在临床样品检测 insulin 中有一定的应用前景。

表 13-1 使用建议方法和参考方法的临床血清样品测定结果

Sample No.	Proposed method（nM）	Reference method[a]（nM）	Relative error（%）
1	10.11	10.65	−5.07
2	6.78	6.29	7.79
3	4.39	4.21	4.28
4	0.357	0.331	7.85

13.4 结 论

提出了一个光电化学邻位分析的方法,用于高灵敏、高选择性的检测蛋白。它利用两抗体的寡核苷酸探针和邻近的 DNA 杂交将 QD 向 ITO/TiO_2/CdS 电极靠近,由于该共敏化结构的形成这导致了很强的光电流强度。用胰岛素作为模型蛋白质,通过光电化学电流输出,表现出很宽的检测范围,很高的灵敏度和选择性。该方法简单、快速、易于扩展到其他蛋白质的检测,在实时检测和临床应用、生物研究、医学诊断、旁床诊断测试中有很大前景。

参考文献

[1] Ricchiuti V .Tietz Textbook of Clinical Chemistry[J].Human Pathology,1994,26(1): 1391-1392.

[2] Rusling, James, F, et al.Measurement of biomarker proteins for point-of-care early detection and monitoring of cancer[J].Analyst,2010,135,2496-2511.

[3] Akter R, Rahman M A, Rhee C K .Amplified electrochemical detection of a cancer biomarker by enhanced precipitation using horseradish peroxidase attached on carbon nanotubes[J].Analytical Chemistry,2012,84(15): 6407-6415.

[4] Kattah M G, Coller J, Cheung R K, et al.HIT: a versatile proteomics platform for multianalyte phenotyping of cytokines,

intracellular proteins and surface molecules[J].Nature Medicine,2008, 14（11）: 1284-1289.

[5] Tavoosidana, G, Ronquist, G, Darmanis, S, Yan, J, Carlsson, L, Wu, D, Conze, T, Ek, P, Semjonow, A, Eltze, E.; Larsson, A, Landegren,U,Kamali-Moghaddam[J].M. Proc. Natl. Acad. Sci. U. S. A. 2011,108,8809-8814.

[6] Cheng S, Shi F, Jiang X, et al.Sensitive detection of small molecules by competitive immunomagnetic-proximity ligation assay[J]. Analytical Chemistry,2012,84（5）: 2129.

[7] Weibrecht I, Lundin E, Kiflemariam S, et al.In situ detection of individual mRNA molecules and protein complexes or post-translational modifications using padlock probes combined with the in situ proximity ligation assay[J].Nature Protocols,2013,8（2）: 355-372.

[8] Jeenah, Jung, Aaron W, et al.Quantifying RNA-protein interactions in situ using modified-MTRIPs and proximity ligation.[J]. Nucleic acids research,2013,41: e12.

[9] Nong, R. Y, Gu, J. J, Darmanis, S, KamaliMoghaddam, M, Landegren, U. Expert Rev[J]. Proteomics 2012,9: 21-32.

[10] Niemeyer C M, Sano T, Smith C L, et al.Oligonucleotide-directed self-assembly of proteins: semisynthetic DNA-streptavidin hybrid molecules as connectors for the generation of macroscopic arrays and the construction of supramolecular bioconjugates[J].Nucl Acids Res,1994,22（25）: 5530-5539.

[11] Burbulis I, Yamaguchi K, Gordon A, et al.Using protein-DNA chimeras to detect and count small numbers of molecules[J]. Nature Methods,2005,2（1）: 31-37.

[12] Qiao Y M, Guo Y C, Zhang X E, et al.Loop-mediated isothermal amplification for rapid detection of Bacillus anthracis spores[J].Biotechnology Letters,2007,29（12）: 1939-1946.

[13] Wang T W, Lu H Y, Lou P J, et al.Application of highly sensitive, modified glass substrate-based immuno-PCR on the early detection of nasopharyngeal carcinoma[J].Biomaterials,2008,29（33）:

4447-4454.

[14] Yu X, Burgoon M P, Shearer A J, et al.Characterization of phage peptide interaction with antibody using phage mediated immuno-PCR[J].Journal of Immunological Methods,2007,326（1-2）: 33-40.

[15] Barletta J, Bartolome A, Constantine N T .Immunomagnetic quantitative immuno-PCR for detection of less than one HIV-1 virion[J].Journal of Virological Methods,2009,157（2）: 122-132.

[16] Nam J M, Thaxton C S, Mirkin C A .Nanoparticle-Based Bio-Bar Codes for the Ultrasensitive Detection of Proteins[J].Science, 2003,301,1884-1886.

[17] Schweitzer B, Wiltshire S, Lambert J, et al.Schweitzer, B. et al. Immunoassays with rolling circle DNA amplification: a versatile platform for ultrasensitive antigen detection. Proc. Natl. Acad. Sci. USA 97,10113-10119[J].proceedings of the national academy of sciences,2000,97（18）: 10113-10119.

[18] Schweitzer B, Roberts S, Grimwade B, et al.Multiplexed protein profiling on microarrays by rolling-circle amplification[J]. Nature Biotechnology,2002,20（4）: 359-365.

[19] Yan J, Song S, Li B, et al.An On - Nanoparticle Rolling - Circle Amplification Platform for Ultrasensitive Protein Detection in Biological Fluids[J].Small,2010,6（22）: 2520-2525.

[20] Tong L, Wu J, Li J, et al.Hybridization chain reaction engineered DNA nanopolylinker for amplified electrochemical sensing of biomarkers[J].Analyst,2013,138（17）: 4870-4876.

[21] Schweitzer,Barry,Wiltshire,et al.Immunoassays with rolling circle DNA amplification: A versatile platform for ultrasensitive[J]. Proceedings of the National Academy of Sciences of the United States of America,2000,97（18）: 10113-10113.

[22] Mats, Gullberg, Sigrún M, et al.Cytokine detection by antibody-based proximity ligation.[J].Proceedings of the National Academy of Sciences of the United States of America,2004,101,8420-8424.

[23] Kim, J, Hu, J, Sollie, R. S, Easley, C. J. Anal. Chem. 2010,

82,6976-6982.

[24] Wang G L, Xu J J, Chen H Y, et al.Label-free photoelectrochemical immunoassay for α-fetoprotein detection based on TiO_2/CdS hybrid[J].Biosensors & Bioelectronics,2009,25（4）: 791-796.

[25] Liang M, Liu S, Wei M, et al.Photoelectrochemical Oxidation of DNA by Ruthenium Tris（bipyridine）on a Tin Oxide Nanoparticle Electrode[J].Analytical Chemistry,2006,78（2）: 621-623.

[26] Haddour N, Chauvin J, Gondran C, et al.Photoelectrochemical immunosensor for label-free detection and quantification of anti-cholera toxin antibody - art. no. JA062729Z[J].Journal of the American Chemical Society,2006,128（30）: 9693-9698.